빅뱅이 던진 사과

빅뱅이 던진 사과

초판 1쇄 발행 2025년 12월 15일

지은이 이시영 서지원
펴낸이 권현정
편집 이은창
디자인 매듭

펴낸곳 캥거루북스
출판등록 2021년 9월 2일(제2021-000131호)
주소 경기도 파주시 법원읍 법원로 17-12
전화 031.943.0839
팩스 0303.0100.1103
이메일 kangaroobooks@naver.com

ISBN 979-11-978978-6-3 03400
copyright ⓒ 이시영 서지원

이 책의 저작권은 저자와 캥거루북스에 있습니다.
저작권법에 의해 보호를 받는 저작물이므로 무단전재와 복제를 금합니다.

•책 가격은 뒤표지에 있습니다.
•잘못된 책은 구입한 곳에서 교환해 드립니다.

빅뱅이 던진 사과

우주의 탄생부터
역학의 등장까지
하나의 흐름으로 읽는
통합과학 이야기

이시영·서지원 지음

캥거루북스

추천의 글

우리가 살고 있는 우주는
어떻게 시작되었고
어디로 가는 것인가

　우리가 살고 있는 우주는 어떻게 시작되었고 어디로 가는 것일까? 자연은 어떻게 작동하며 우리는 그 원리를 얼마나 이해하고 있을까? 아무리 평범한 사람이라도 거대한 우주를 마주하며 살아가는 동안 한 번쯤 품었을 근원적인 질문이다. 이 책은 의문으로 가득한 세상을 더 깊이 이해하려는 사람들에게 보내는 일종의 안내서다.

　저자들은 우주의 탄생부터 최첨단 과학 기술을 응용한 반도체와 AI에 이르기까지 인류의 발전 과정을 과학사와 연계해 쉽고 흥미진진하게 다루고 있다. 다루는 내용만 보면 다소 어렵고 까다롭게 느낄 과학적 주제들을 일반인도 쉽게 이해할 수 있도록 친절하게 설명해 준다. 또 과학책이지만 철학과 종교적인 내용까지 곁들여 독자들이 더 풍성한 지식을 즐길 수 있게 했다.

　자연과학에 문외한이거나 관심이 있어도 제대로 배울 기회가 없었던 독자라면 과학의 세계에 첫발을 내딛을 때 이 책만큼 좋은 안내서를 발견하기 어려울 것이다. 더 나아가 앞으로 펼쳐질 과학 기술의 미래가 궁금한 독자들에게 이 책은 탁월한 통찰을 제공할 것이다.

연세대미래캠퍼스 물리및공학물리학과 교수 김선명

저자 서문

우주 그리고 과학

"우주는 어떻게 시작되었을까?"
"별은 언제 태어났을까?"
"원자는 어디서 만들어졌을까?"
"뉴턴은 정말 사과가 떨어지는 모습을 보고 만유인력을 발견했나?"

어린 시절 호기심으로 던졌던 이 질문들은 단순한 질문에 그치지 않고 인류 발전의 원동력이 되었습니다. 인류는 수천 년 동안 위의 물음에 답하기 위해 끊임없이 생각했고, 실험으로 검증 과정을 거친 지식을 차곡차곡 쌓아 현대과학을 낳았습니다. 밤하늘을 올려다본 고대인들의 상상부터, 망원경으로 목성을 관찰한 갈릴레이, 현대의 거대한 입자가속기에 이르기까지 인류의 도전은 오직 하나의 바람에서 시작되었습니다. "우리가 어디에서 왔는가, 그리고 무엇으로 이루어졌는가?" 이 질문의 답을 얻고 싶은 열망이 바로 현대과학의 출발이었습니다.

이 책은 여전히 비슷한 질문을 던지는 사람들의 여행 동반자로 기획되었습니다. 무엇보다 우리 삶과 연결된 과학의 흐름을 이야기로 풀어내고 싶었습니다. 밤하늘에 빛나는 별빛, 손안에서 작동하는 스마트폰, 그리고 땅에 떨어지는 한 알의 사과까지. 이 모든 것이 우주의 긴 역사가 산고를 겪으며 출산한 산물임을 알게 된다면 과학은 더 이상 거리감을 느끼는 낯선 학문이 아니라 우리 일상의 친근한 이야기로 다가올 것입니다.

그러나 안타깝게도 현실에서 과학은 복잡한 수식, 낯선 용어, 이해하기 어려운 실험 데이터 속에 갇혀 버리고 말았습니다. 저희는 과학을 구출하기 위해 수식을 최소화하고, 상상과 서사를 통해 과학의 큰 그림을 그려내는 방식으로 내용을 전개했습니다. 따라서 이 책은 과학에 첫발을 내딛는 중·고등학생뿐만 아니라 교양 차원에서 지식을 넓히려는 일반 독자, 더 나아가 기초 개념을 다시 정리하려는 대학생에게도 도움이 될 것입니다. 독자들이 책장을 넘기며 내용을 음미하다 보면 마치 한 편의 거대한 우주 서사를 읽는 듯한 경험에 빠져들 것입니다.

이 책은 크게 세 부분으로 이루어져 있습니다.

1부: 우주의 탄생과 원자의 생성
2부: 원자로부터 반도체까지
3부: 사과와 함께 시작된 역학의 탄생

각 부는 독립적인 주제를 담고 있으면서도 서로 긴밀하게 이어집니다. 하나의 점에서 출발한 우주가 원자를 만들고, 그 원자들이 모여 물질세계를 이루고, 마침내 인류의 사유와 실험을 거쳐 과학 법칙으로 정리되는 과정을 따라갑니다. 이러한 과정은 인류의 위대한 발견 중 하나인 '질서 있는 우주의 이해'로 이어집니다.

점에서 시작된 우주

길이도, 넓이도, 부피도 없는 점. 그 무엇으로도 관찰할 수 없는 이 미세한 한 점에서 우주가 태어났고, 과학에서는 이것을 '빅뱅'이라고 부릅니다. 점은 아무리 많이 모여도 선, 면, 공간이 될 수 없고, 단지 점일 뿐입니다. 그러나 우주의 시작은 그 논리를 뛰어넘었습니다. 공간과 시간이 열리고, 초고온에서 아원자 입자들이 생겨났습니다. 전자, 양성자, 중성자가 나타나 서로 결합하며 최초의 원자를 형성했고, 시간이 흘러 별과 마침내 은하가 만들어졌습니다.

별은 단순히 빛을 발산하는 물질이 아닙니다. 별의 내부에서는 핵융합을 통해 거대한 불꽃이 타오르고, 그 결과 수소와 헬륨에서 더 무거운 원자들이 하나씩 탄생하게 되었습니다. 우리가 숨 쉬는 산소, 몸을 이루는 탄소, 지구의 땅과 바다를 구성하는 다양한 원자는 모두 별의 내부에서 빚어진 것입니다. 심지어 별이 죽음을 맞이하며 폭발할 때도 원자들은 우주 공간으로 흩어져 새로운 행성을 만들었습니다. 우리가 발 딛고 있는 지구와 우리 몸도 별의 잔해로 이루어졌고, 그 자체로 경이로움을 느끼게 됩니다.

과학의 눈으로 세상을 보다

이 책의 두 번째 부분에서는 원자에서 반도체에 이르는 물질의 인식 과정을 다룹니다. 원자는 단순히 물질을 구성하는 기본 단위에 머무르지 않고 인류 문명의 혁신을 열어준 열쇠였습니다. 원자의 구조와 성질을 이해하면서 우리는 금속과 같은 도체, 부도체, 반도체라는 물질의 세계를 새롭게 인식하게 되었습니다. 특히 반도체는 20세기와 21세기를 가르는 혁명의 중심에 서 있습니다. 스마트폰, 컴퓨터, 인공지능, 우주 탐사에 이르기까지 반도체를 빼면 설명할 수 있는 게 거의 없습니다. 원자를 이해하는 것이 곧 인간에게는 자신의 미래를 만들어가는 과정이었습니다. 원자 단위의 물리학이 발전하면서 인류는 새로운 에너지원과 첨단 기술을 얻게 되었고, 지금도 여전히 그 지식의 지평을 넓혀가고 있습니다.

사과에서 시작된 법칙

이 책의 마지막 부분에서는 뉴턴의 통찰을 다룹니다. 평범한 사과가 땅으로 떨어지는 모습은 인류 역사상 가장 위대한 깨달음의 출발점이었습니다. 물론 뉴턴이 사과가 떨어지는 실제 장면을 보고 만유인력을 '발견했다'는 일화는 다소 각색된 이야기일 수 있습니다. 그러나 중요한 것은 그 순간이 상징하는 의미입니다. 자연의 현상을 단순히 바라보는 데 그치지 않고, 그 속에 숨어 있는 보편적인 법칙을 찾으려 했던 시도가 바로 과학의 본질이기 때문입니다.

뉴턴의 만유인력과 운동 법칙은 단순히 별과 행성의 움직임을 설명하는 데 그치지 않았습니다. 그것은 자연 현상을 수학적 언어로 표현할 수 있다는 사실을 보여주었고, 이후 물리학의 거대한 발전을 이끌었습니다. 사과 한 알이 떨어지는 일상적인 현상이 곧 우주를 움직이는 원리와 연결되어 있다는 깨달음은 과학사의 가장 놀라운 전환점이라 할 수 있습니다.

독자에게 드리는 바람

저희는 과학이 낯설고 어려운 학문이 아니라 우리의 삶과 연결된 우리 주변의 이야기임을 독자들에게 전달하고 싶었습니다. 빅뱅에서 시작된 우주의 서사는 별 속에서 태어난 원자, 손안의 반도체 기술, 나무 아래 사과에서 비롯된 법칙까지 한 줄로 이어져 있습니다. 책을 읽는 동안 독자들이 주변의 일상을 바라보면서도 과학의 숨결을 느낄 수 있으면 좋겠습니다. 더 나아가 과학의 출발이 될 새로운 질문을 던지고, 그 질문이 또 다른 발견의 출발점이 되기를 소망합니다.

2025년 11월
이시영, 서지원

차례

추천의 글 ★ 004
저자 서문 ★ 006

1부 우주의 탄생부터 원자의 생성

우주는 어떻게 만들어졌나? ★————— 024
소립자의 탄생: 쿼크와 렙톤 ★————— 038
원자의 탄생 ★————— 046
빅뱅 이후 38만 년 후: 본격적인 원자들의 생성 ★————— 052
물질과 반물질: 반물질로 이루어진 외계인과 악수 금지 ★————— 062
박막 증착하기: 스퍼터링에 숨겨진 빅뱅 ★————— 066
쉬어가기 표준측정단위 및 시간 ★————— 076

2부 원자부터 반도체까지

원자는 어떻게 생겼을까? ★————— 092
양자역학의 전성기 ★————— 110
원자를 atom, 원소를 element, 그리고 주기율표 ★————— 126
초전도체 ★————— 144

탄소나노튜브/풀러렌/그래핀 ★ ──────────── **158**

반도체 ★ ──────────────────── **166**

쉬어가기 길이 ★ ─────────────── **178**

3부 역학의 탄생

대학의 설립: 칼리지의 시작 ★ ──────── **192**

뉴턴 역학 ★ ──────────────── **206**

가속도의 법칙 ★ ─────────────── **216**

작용 반작용의 법칙 ★ ──────────── **224**

운동량과 충격량 ★ ────────────── **232**

중력의 한계 ★ ──────────────── **238**

쉬어가기 질량 ★ ────────────── **242**

에필로그 ★ **246**

1부

우주의
탄생부터
원자의
생성

"저 별은 누구의 별일까? 내 별은 어디에 있을까?" 밤하늘을 올려다보며 비슷한 질문을 해본 경험이 누구나 있을 것이다. 별은 아주 먼 옛날부터 우리 머리 위를 비추고 있었다. 인류 최초로 별을 본 고대인들도 밤하늘을 수놓은 별빛을 바라보며 자연의 경이로움을 느꼈을 것이다. 구석기 동굴 벽화에는 소와 양을 비롯한 다양한 동물 그림이 남아있는데, 일부 학자들은 동물의 배치가 별자리와 닮았다는 점에 주목한다. 동굴 벽화가 단순한 사냥 기록이 아니라 별과 연결된 상징일 수 있다는 것이다. 그게 사실이라면 구석기인들은 별은 사후에 도달할 이상적인 세계로 이해했을 가능성이 있다.

메소포타미아에서 시작된 점성술astrology은 전 세계로 퍼져나갔다. 사람들은 별자리의 움직임을 보며 인간의 길흉화복과 국가의 운명을 내다봤다. 전쟁과 기근, 역병 속에서 사람들은 하늘을 바라보

- 구석기 -

밤하늘의 별자리를 벽화로 남겼다.

- A.D -

별을 따라 베들레헴으로 향했다.

우주의 탄생부터 원자의 생성

며 메시아별이 나타나 구원해 주기를 간절히 소망했다. 사람들의 바람처럼 성경에는 동방 박사들이 예수의 탄생을 알리는 별을 따라 베들레헴으로 향한 기록이 있다. 별이 인류를 구원할 메시아 탄생의 현장으로 안내한 것이다.

그러나 중세시대에 점성술이 금지되면서 별은 두려운 존재가 되었다. 약 76년을 주기로 핼리혜성이 나타날 때마다 사람들은 공포에 사로잡혔다. 혜성이 지상으로 떨어져 재앙을 불러옴에 사로잡혔고, 혜성의 등장은 신의 심판으로 간주되기도 했다.

근대과학이 발전하면서 별은 두려움의 대상에서 관찰과 연구의 대상으로 바뀌었다. 반면에 문학에서는 친근한 소재가 되기도 했다.

- 중세 -

중세인들은 핼리혜성을 보고 종말이 왔다고 믿었다.

프랑스의 소설가 알퐁스 도데Alphonse Daudet, 1840-1897는 그의 작품 《별》에서 별똥별을 천국으로 들어가는 영혼에 비유했다.

동양에서도 별은 인간의 운명과 연결되어 있다고 믿었다. 중국에서는 별자리로 나라의 흥망성쇠를 예측하거나 개인의 운명을 점쳤다. 한나라 유방의 천하를 통일할 때 별자리 이동이 있었다고 전해지고, 《삼국지》에는 큰 별이 지는 것을 보고 제갈공명이 자신의 운명이 다했음을 직감하는 장면이 나온다.

별은 경외의 대상이었지만, 때로는 일상의 놀이로 친근하게 다가왔다. 과거 흡연자들이 담배 연기로 토성의 고리를 흉내 내던 장난처럼 별은 언제나 인간의 상상력과 삶 곁에 머물렀고, 별을 소재로 한 다양한 이야기가 세계 곳곳에 전해지고 있다.

하지만 현대인들에게 별은 점점 낯선 존재가 되어가고 있다. 도시의 불빛은 하늘의 별빛을 가렸고, 오염된 대기는 별빛을 분산시켰다. 하늘에 무언가 있다는 것은 알지만 그것이 별인지, 인공위성인지조차 구분하기 어려워졌다.

그럼에도 도시를 벗어나 시골의 밤길을 걷거나 야외에서 하늘을 올려다보면, 별은 여전히 찬란한 빛으로 우리를 놀라게 한다. 사람들은 그 빛을 보며 광활한 우주를 상상하고, 인간의 존재와 미래를 떠올린다. 화가 고갱Paul Gauguin, 1848-1903이 "우리는 어디에서 왔을까? 우리는 누구일까? 우리는 어디로 가고 있는 것일까?"라는 질문을 그의 그림에 담았듯, 밤하늘의 별은 우리에게 근원적인 질문을 던진다.

  별에 대한 인식이 시대에 따라 변해왔듯, 지구에 대한 인류의 인식도 크게 달라졌다. 땅이 평평하다고 믿던 사람들에게 지구가 둥글다는 사실은 충격이었다. 더구나 지구가 태양 주위를 돈다는 주장은 혼란을 더했다. 오늘날 너무도 당연한 진리가 당시에는 쉽게 받아들여지지 않았다. 사실 '지구地球'라는 말 자체가 땅이 둥글다는 뜻을 내포하고 있다. 영어의 'earth'는 본래 '흙'을 의미하는 단어였고, 둥근 땅을 정확히 표현하는 말은 'globe'다. Globe에 공, 구체, 지구라는 뜻이 포함되어 있어 세계 소식을 보통 world news라고 하지만 global news라고도 한다. Global은 '지구의'라는 의미가 함축되어 우리가 사는 공간이 둥글다는 의미가 숨어 있다.

  1957년 인류 최초의 인공위성 스푸트니크 1호가 발사되었다. 1977년 지구를 떠난 보이저 1호와 2호는 태양계를 벗어나 성간 우주를 여행하고 있다. 세계 각국은 우주로 탐사선을 보내면서 우주 탐험에 박차를 가하고 있다. 머지않아 도래할 우주여행을 손꼽아 기다리는 사람도 많다. 비약적으로 발달한 과학 기술 덕분에 우주에서 찍은 수많은 지구 사진과 직접 지구를 본 우주인들의 증언이 쏟아지고 있지만, 여전히 지구땅이 둥글다가 아니라고 믿는 사람들이 있다. 그들은 둥근 지구를 부정하고 평평한 땅flat earth을 믿는다. 마치 그들의 사전에는 'global'이라는 단어가 없는 것 같다. 땅이 둥글다는 사실

---

1 고갱의 그림《우리는 어디에서 와서 어디로 가는가?》"Where Do We Come From? What Are We? Where Are We Going?"

은 이미 과학적으로 입증되었을 뿐만 아니라 부정할 수 없는 수많은 증거가 있다. 그런데도 객관적 증거를 무시한 채 지구를 믿지 않는 것은 단지 인간의 주관적 의지에 불과하며, 과학적 증거를 무시하는 태도다. 이 같은 오류를 범하지 않으려면 과학적 연구 결과에 대한 보다 체계적인 이해가 필요하다.

이 책은 독자들이 그러한 이해에 다가가도록 돕고자 한다. 지구의 탄생과 그 안에 존재하는 물질, 자연을 지배하는 운동 법칙을 차근차근 살펴볼 것이다. 우리가 발을 딛고 선 이 땅을 제대로 이해하기 위해서는, 무엇보다 이 지구가 속한 우주를 먼저 알아야 한다. 우주에 대해 본격적으로 공부하기 전에 우주의 기원을 묻는 간단한 질문에 어떻게 답할지 생각해 보자. "과연 우주는 어떻게 시작되었을까?"

보민 밤하늘의 별들을 보면, 문득 우주가 어떻게 생겼는지 궁금할 때가 있어. 우주는 어떻게 시작되었을까? 너도 나와 같은 생각을 해본 적 있어?

헤미 글쎄. 사람들은 주로 빅뱅 이론으로 설명하던데, 나는 잘 모르겠어.

보민 빅뱅 이론은 나도 잘 몰라. 그것보다 더 궁금한 게 있어. 우리가 사는 오늘의 우주가 어제의 우주와 같을까? 또 오늘의 우주가 내일의 우주와 똑같을까?

헤미 바뀌는 게 좋은 거야, 바뀌지 않는 게 좋은 거야? 바뀐다면 더 좋은 방향으로 바뀌면 좋을 텐데. 만약 우주의 변화로 상황이 더 나빠지면 어떻게 하지?

보민 우주가 바뀐다고 해도 결과가 좋을지 안 좋을지 판단할 기준이 없어.

나는 어제의 우주 크기가 오늘의 우주 크기와 같을지 다를지 그게 더 궁금해. 만약 우주의 크기가 어제와 오늘 그리고 내일 모두 똑같다면 우주는 바뀌지 않는 거야. 하지만 우주의 크기가 달라진다면 앞으로도 계속해서 우주는 변하겠지.

헤미 사람도 나이가 들면서 체중이 늘기도 하고 줄기도 하잖아. 얼굴에 주름이 생기고 키도 작아지고. 우주도 나이를 먹으면 질량이 바뀌거나 크기가 변하지 않을까?

보민 정말 그럴까? 이 질문의 답을 어디서 어떻게 찾을 수 있을까?

Learn more

- **우주 공간의 무한함**

만유인력이 작용하는 우주에서 우주 크기가 유한하다면, 우주를 구성하는 물질들이 서로 끌어당겨 점차 뭉쳐져야 한다. 뉴턴Isaac Newton, 1643 – 1727의 생전에는 그런 현상이 발견되지 않았다. 그래서 뉴턴은 우주가 무한하다고 생각했다. 뉴턴은 우주의 구체적인 부피를 설명하지 않았지만, 우주를 구로 비유하면서 구의 부피는 유한하지만 가장자리가 없는 것처럼, 우주의 범위도 유한하지만 경계가 없다고 제안했다. 우주의 크기가 무한하다면, 우주의 팽창이나 수축을 설명할 수 없다. 그래서 우주의 팽창 또는 수축을 이야기한다는 것은 곧 우주 크기가 유한하다는 가정에서 시작한다. 우주의 크기가 무한하다고 믿는 사람들은 우주의 크기가 변하지 않는다고 생각했지만, 우주의 크기가 유한하다고 생각한 사람들은 우주의 크기가 바뀔 수 있다고 생각했다.

우주는 어떻게 만들어졌나?

우주의 나이, 크기, 크기 변화를 알고 싶다면 우주를 과학적으로 분석해야 한다. 과학적으로 분석하려면 우선 가설을 세우고 검증하는 단계가 필요하다. 먼저 현상을 관찰하고 탐구해 편견 없이 서술해 가설을 세운다. 이 과정을 거쳐 '우주의 나이는 1만 살이다'라는 가설을 세웠다고 해보자. 가설을 세웠다면 다음으로 검증하는 과정이 필요하다. 우주의 나이가 1만 살인지 확인할 증거가 있는지, 혹은 간접적으로 추론할 수 있는 증거를 확인하면 된다. 증거가 없다면 계산을 통해 가설에서 설정한 값과 비교해 가능성을 추론할 수 있다. 검증을 거쳐 가설이 맞다고 판명되면 과학적으로 인정된다. 반대로 가설이 틀렸다고 판명되면 가설을 수정하거나 폐기한다.

정적 우주론과 동적 우주론

우주에 관한 연구가 시작되면서 우주를 바라보는 두 가지 견해가 있었다. 첫 번째는 우주는 항상 똑같다는 것이다. 시간의 흐름과 상관없이 우주는 변하지 않고 현재의 상태크기를 유지한다는 주장이다. 이 견해대로 우주가 바뀌지 않고 그대로 유지된다면 사람은 안정감을 느끼게 될 것이다. 두 번째 견해는 시간의 흐름에 따라 우주의 크기가 변한다는 것이다. 이 주장대로 시간의 흐름에 따라 우주의 크기가 줄어든다면, 우주 속에 존재하는 모든 것은 파멸하게 될 것이다. 반대로 우주가 계속 팽창한다면 별과 별 사이의 간격도 계속 멀어질 것이며, 그 결과 태양계도 우리 은하에서 벗어날 수 있다. 더 나아가 팽창 속도가 커져서 태양과 지구의 거리가 더 벌어진다면 지구에 큰 재앙이 닥칠 것이다. 이처럼 시간의 흐름에 따라 우주의 크기가 바뀐다면 인간은 종말에 대한 불안감을 안고 살아가게 될 것이다.

우주는 처음부터 지금까지 변하지 않았고, 영원히 이 상태를 유지한다는 우주론을 정적 우주론이라고 한다. 아인슈타인Albert Einstein, 1879 – 1955을 비롯한 많은 과학자가 정적 우주론을 주장했다. 아인슈타인은 우주상수[1]를 도입하여 우주는 팽창/수축이 없다고 주장했다.

유대인이었던 아인슈타인은 유대교가 그의 연구에 영향을 주었다는 오해를 많이 받았다. 대표적으로 솔베이 회의[2]에서 닐스 보어

---

[1] 아인슈타인이 일반 상대성 이론에서 도입한 용어로 우주상수는 우주공간을 균일하게 채우는 일정한 에너지 밀도, 즉 진공 에너지 밀도다.
[2] 벨기에 기업가 솔베이가 만든 물리 및 화학 학회. 가장 유명한 회의가 1927년 열린 제5차 솔베이 회의이며, 참석자 중에서 노벨상을 이미 받았거나 나중에 받은 과학자가 총 17명이다.

와 양자역학에 관한 논쟁을 진행할 때 답이 막힐 때마다 그는 '신은 주사위를 던지지 않았다'라고 말해 신을 믿는다고 오해받았다.[3] 그러나 그것은 단지 양자역학에 관한 반감을 표현한 말이었다. 아인슈타인은 유대교나 기독교의 신을 믿지 않았다. 아인슈타인은 '모든 것이 법칙으로 맞아떨어지는 이성적인 신'에 의해 우주가 만들어졌다고 믿었다. 이것은 스피노자 Baruch Spinoza, 1632 – 1677[4]의 종교관과 거의 일치한다. 신이 어떤 법칙으로 우주를 움직이지만, 인류의 문제에는 관여하지 않는다. 따라서 우주의 기원을 알 수 없고 우주의 크기도 일정하다고 믿었다.

아인슈타인의 정적 우주론은 기본적으로 시간이 무한하여 시간의 시작과 현재까지의 경과를 측정할 수 없지만, 공간적으로는 무한하지 않고 우주의 크기가 한정되어 있다는 이론이다. 정적 우주론으로는 우주의 나이를 말할 수 없으며, 언제 우주가 시작되었는지도 알 수 없다. 게다가 우주의 크기는 변하지 않지만, 질량을 가진 물체

---

[3] 신을 믿지 않는 사람이 '신은 주사위를 던지지 않았다'라고 말한다면, 이것은 신에 대한 조롱의 표현일 수 있다. 아인슈타인이 이 문구를 사용했다고 해서 그가 신을 믿은 것은 아니다. 예를 들어, 갑자기 예상치 못한 나쁜 일이 생기면 '오 마이 갓(Oh my God!)'이라고 말하는 사람들이 있다. 이 사람들이 신을 찬양하는 의도로 말하는 것이 아니다. 신이 있다면 어떻게 이런 일이 생길까 하는 마음에서 말하는 것이다. 보통 무례한 느낌을 주지 않으려고 'Oh my goodness!'라고 말한다.

[4] 네덜란드의 철학자. 유대인이었지만 인격신을 부정하여 유대인들로부터 파문당했다. "내일 지구의 종말이 온다고 하더라도, 나는 오늘 한 그루의 사과나무를 심겠다"라고 말한 것으로 알려졌지만, 스피노자는 이런 말을 한 적이 없다. 루터(Martin Luther, 1483 – 1546)가 이 말을 했을 것으로 추정한다.

사이에는 중력이 작용하기에 물체 사이의 중력에 의해 우주가 줄어들 수 있다. 이 문제를 해결하기 위해 아인슈타인은 '우주상수'를 도입하여 우주가 수축하지 않고 균형을 유지하므로 본래 크기를 유지한다고 주장했다. 만약 아인슈타인이 우주상수를 도입하지 않았다면 유한한 크기의 우주는 점점 작아질 것이다. 우주가 팽창하지 않는다면 결국 수축하게 되고 점점 작아지다 보면 마침내 점처럼 작아질 수도 있다. 이렇게 되면 우리가 사는 시공간도 사라지게 된다.

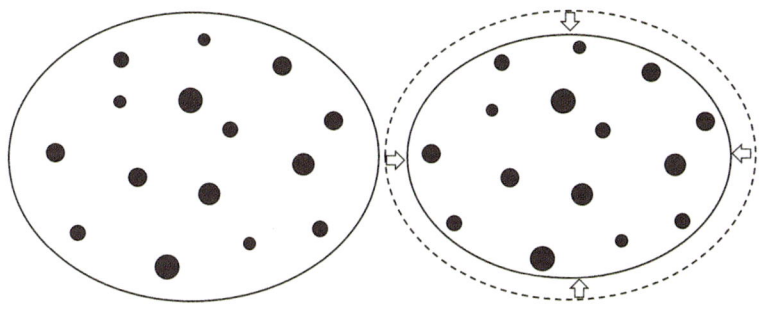

그림 1-1 (왼쪽) 우주의 크기가 유한한 상태에 있다. 우주를 구성하는 물질 사이에서 중력이 작용하며, 서로 잡아당기는 힘이 있다. (오른쪽) 중력이 작용하면 물질 사이의 거리가 줄어들며, 우주의 크기도 줄어든다. 아인슈타인은 우주의 크기가 줄어드는 문제를 해결하기 위해 우주상수를 도입하여, 우주의 크기가 변하지 않는다는 우주론을 주장했다.

이에 반하여 우주가 변한다는 이론을 동적 우주론이라고 한다. 동적 우주론을 주장한 대표적인 과학자는 알렉산드르 프리드만 Alexander Friedmann, 1888 – 1925이다. 프리드만은 아인슈타인 방정식[5]을 이용하여 프리드만 방정식[6]을 유도했다. 이 방정식을 보면서 사색하던 프리드만은 우주의 전체 밀도와 곡률에 따라 우주가 팽창하거나 수축할 수 있다는 사실을 깨달았다. 이를 통해 우주가 정적이지 않고 시간이 지남에 따라 변할 수 있다는 동적 우주론을 정립했다. 프리드만은 허블을 비롯한 여러 과학자와 공동으로 연구하면서 동적 우주론의 토대를 닦았지만, 불행하게도 36세의 나이에 요절했다. 하지만 그의 연구 결과들은 다른 과학자들에게 많은 영감을 주었으며, 그중에서도 프리드만 방정식은 우주론 연구의 초석이 되었다.

두 가지 가설이 증거가 없는 상태로 첨예하게 대립한다면, 사람들은 흔히 '권위의 오류'에 빠져서 이론을 만든 사람의 지명도나 학계 위상에 영향을 받는다. 아인슈타인이 상대성이론으로 과학계 스타로 떠오른 당시 상황에서, 우주의 크기가 변하지 않는다는 아인슈타인의 주장이 더 설득력 있어 보였다.

우주는 광활하다. 그 규모가 너무 커서 크기를 측정해 변화를 관찰하기가 쉽지 않다. 어떻게 하면 우주의 크기 변화를 관찰할 수 있을까? 별빛의 변화를 관찰하면서 우주의 변화에 주목한 사람이 바로 허블 Edwin Hubble, 1889 – 1953[7]이다. 그는 망원경으로 별빛을 관찰

---

5   일반 상대성 이론에서 물질 분포로부터 시공간의 곡률을 계산하는 방정식이다.

6   우주 밀도와 곡률을 계산할 수 있다.

7   적색편이를 발견하였고 후에 허블 법칙을 발표했다. 허블 법칙에 따르면, 은하는 거리에 비례하는 속도로 지구에서 멀어지고 있다. 결과적으로 은하가 지구로부터 멀어질수록 더 빠른 속도로 지구로부터 멀어진다. 은하의 속도는 은하의 적색편이에 의해 결정된다."

하는 동안 별빛의 색깔이 시간이 지남에 따라 바뀐다는 사실을 발견했다. 별빛이 바뀐다면 파란색으로 바뀔 수도 있고, 붉은색으로 변할 수도 있다.

허블이 별빛을 관찰하던 시기에 도플러 효과Doppler effect는 이미 알려져 있었다. 관찰자 방향으로 움직이는 물체에서 발생시킨 소리나 빛의 주파수가 증가하고, 관찰자에게서 멀어지는 방향으로 움직이는 물체에서 발생한 소리나 빛의 주파수는 감소하는 것을 도플러 효과라고 한다.

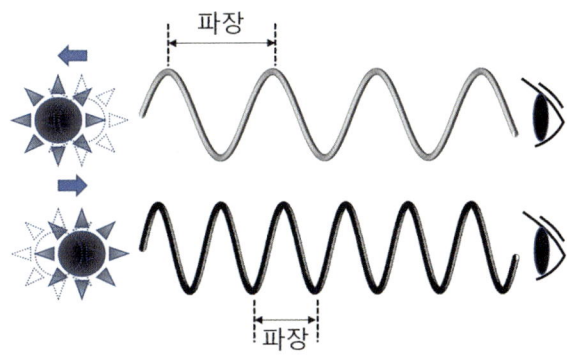

그림 1-2 별이 우리(관찰자)를 향해 다가오면 별빛의 파장이 짧아진다. 원래 별빛의 파장보다 더 짧아지는 것을 청색편이(Blue shift, 그림 아래)라 하고, 반대로 별이 관찰자에게서 멀어지면 별빛의 파장은 원래 별빛의 파장보다 길어지며 이것을 적색편이(그림 위)라고 한다.

도플러 효과를 이용하여 별빛의 변화를 해석하면 어떤 결과를 얻을 수 있을까? 허블은 별빛을 관찰하면서 별빛이 점점 붉게 바뀐다파장이 길어진다는 것을 발견했다. 이것을 별빛의 적색편이 red shift 라고 부른다. 별빛의 파장이 길어진다는 것은 지구로부터 별들이 멀어진다는 것을 의미한다. 지구에 가까워지는 별빛도 있겠지만 대체로 별빛은 적색편이를 나타낸다. 이것은 우주가 팽창한다는 것을 의미한다.

헤미 별빛이 변한다면 별과 지구의 거리도 바뀐다는 걸까?
보민 맞아. 별빛이 점점 파란색을 띤다면 빛의 파장이 짧아진다면 그 별과 지구의 거리는 짧아진다는 거야. 반대로 별빛이 붉은색을 띠면 빛의 파장이 길어진다면 그 별은 지구로부터 멀어진다는 것을 뜻해.
헤미 그러면 별빛을 이용해 우주의 크기가 변하는지 확인할 수 있겠네?
보민 맞아. 밤하늘의 별들을 관찰해 별빛의 변화를 살펴보면 우주의 크기가 어떻게 바뀌는지 알 수 있어. 허블이 관찰을 통해 별빛들이 점점 붉은색을 띤다는 것을 알아냈어. 이것을 적색편이라고 하지. 이 적색편이로 우주가 팽창한다는 사실을 알 수 있어.

허블의 적색편이 발견으로 정적 우주론은 폐기되었다. 아인슈타인은 '우주상수'를 도입하면서까지 정적 우주론을 주장한 것을 후회했다. 우주의 크기가 시간의 흐름에 따라 바뀐다는 동적 우주론을 확인한 후 과학계는 새로운 고민을 시작했다. 그 고민은 '우주가 어떻게 시작되었으며, 어떻게 변화하고 있는가?'였다. 다행히 우주의 크기가 점점 팽창한다는 사실이 확인되었으므로 우주가 수축하면 어떻게 되는지는 고민할 필요가 없어졌다. 다만 '우주가 팽창함에

따라 어떻게 변할 것인가?' 라는 새로운 질문이 생겼다.

헤미　허블이 적색편이 대신 청색편이를 발견했다면 우리의 우주관은 어떻게 바뀌었을까?

보민　만약 별빛의 청색편이가 발견되었다면 지구와 별 사이의 거리가 짧아진다는 의미지. 그리고 별과 별 사이의 간격이 가까워진다면 우주의 크기가 점점 줄어든다는 의미로 해석될 수 있어.

헤미　우주의 크기가 줄어든다면 어느 정도까지 줄어들까?

보민　우주의 크기가 수축하다 멈출 수는 없어. 크기가 줄어들면 중력이 점점 강해져서 마침내 모든 우주가 하나의 점으로 뭉쳐질 거야.

헤미　우주가 하나의 점으로 뭉쳐진다면 그건 종말 아니야?

보민　맞아. 모든 우주가 하나의 점으로 수축한다면 종말이 되겠지. 그리고 우주가 하나의 점으로 모이면서, 마침내 모든 물질은 에너지로 바뀔 거야.

빅뱅 우주론과 정상 우주론

시간을 거슬러 올라가 보자. 우주가 팽창한다면 처음에는 아무것도 없는 하나의 점에서 우주는 시작되었을 것이다. 그렇다면 우주가 처음 만들어지고 이후에 모든 물질이 생겼을까? 아니면 물질이 끊임없이 만들어지고 있는 것일까? 우주가 한 점이었다가 한순간 모든 물질이 만들어진 것을 대폭발이론 또는 빅뱅 우주론[8]이라고 부른다. 반대로 우주가 팽창하면서 물질이 끊임없이 만들어지고 있다는 이론을 정상 우주론[9]이라고 부른다. 물질이 처음 만들어진 후 그대로 유지되고 있다면 우주의 밀도는 계속 줄어들 것이다. 하지만 물질이 계속 만들어지고 있다면 우주 밀도는 크게 바뀌지 않을 것이다. 빅뱅 우주론과 정상 우주론 모두 한동안 이론을 뒷받침해줄 확실한 증거가 없었다. 어느 것이 옳은지 판단하기 어려운 상황에서 펜지어스Arno Allan Penzias, 1933 – 2024와 윌슨Robert Woodrow Wilson, 1936이 우주배경복사를 발견했다. 우주배경복사는 빅뱅 후 약 38만 년일 때의 우주가 천천히 냉각되어, 현재에 이르렀을 때 방출하는 마이크로파를 말한다. 모든 방향에서 관찰되며 다른 의미로 우주의 평균 온도이기도 하다. 우주배경복사는 곧 빅뱅 우주론에서 계산한 빅뱅 후 약 38만 년의 우주 상태를 알려주는 자료이며 빅뱅 우주론의 증거이기도 하다. 결과적으로 우주배경복사를 발견함으로써 빅뱅 우주론이 현재의 우주론으로 자리 잡았다.

빅뱅에서는 모든 것이 점으로부터 출발했다고 가정한다. 처음 폭발했을 당시 상당히 빨리 팽창했고, 이후 특정 시점부터 팽창속도가 서서히 줄어 우주 팽창도 천천히 진행된다고 가정한다. 이것을 우주 인플레이션 이론cosmic inflation이라 하며, 빅뱅 후 대략 10^{-32}초에서 10^{-36}초 사이에 일어난 것으로 추정한다.[10]

가모프를 비롯한 과학자들에 의해 제안되었고, 펜지어스와 윌슨

---

8   러시아 출신의 이론물리학자 조지 가모프(George Gamow, 1904 – 1968)가 주장했다.

9   영국의 천문학자 프레드 호일(Fred Hoyle, 1915 – 2001)이 주장했다.

10   우주가 계속해서 빨리 팽창하면 우주의 밀도는 0이 되어버리는 문제가 발생한다.

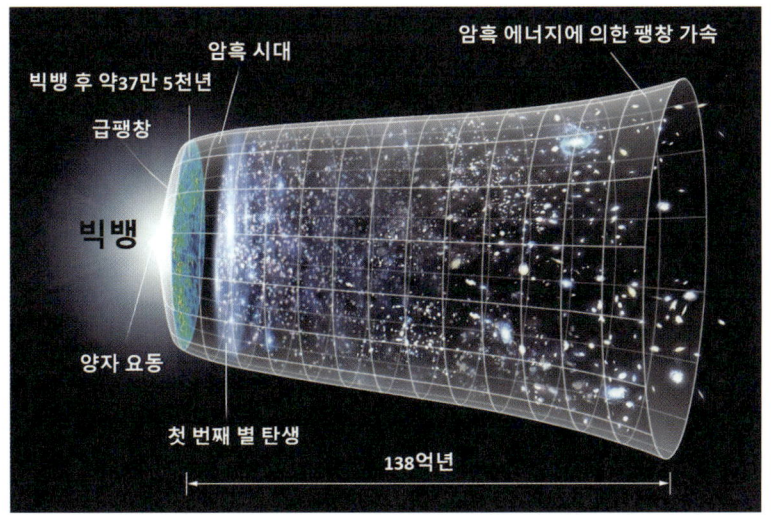

그림 1-3 약 137억 7천만 년에 걸친 우주의 진화. 맨 왼쪽은 현재 우리가 탐사할 수 있는 가장 초기 순간으로, '인플레이션' 시기가 있었을 때 우주가 기하급수적으로 성장한 시기다. 다음 수십억 년 동안 우주의 팽창은 점차 둔화되었다. 우주의 물질이 중력을 통해 스스로를 끌어당기면서 우주의 팽창은 점차 느려졌다. 더 최근에는 암흑 에너지의 반발 효과가 우주의 팽창을 지배하게 되었다.[11]

의 우주배경복사 발견으로 정립된 빅뱅 이론이 탄탄한 과학이론임에도 순탄한 길만 걸어온 것은 아니다. 빅뱅 우주론은 몇 가지 문제점을 안고 있었다. 첫째, 아인슈타인의 일반 상대성 이론은 질량이 공간과 시간을 구부리는 것으로 유명하다. 질량을 포함하는 현재의 우

---

11 https://en.wikipedia.org/wiki/Big_Bang

주는 공처럼 안쪽 '양의' 곡률이나 안장처럼 바깥쪽 '음의' 곡률 중 어느 쪽으로든 전체적으로 구부러졌다고 예상할 수 있다. 그러나 우주는 거의 평평하다. 둘째, 우주에서 서로 멀리 떨어진 두 지점 온도가 거의 같다. 팽창하는 우주에서는 열이 이동하여 우주 전체의 온도를 고르게 할 시간이 없었을 텐데도 말이다. 빅뱅이론으로는 초기 우주의 급격한 팽창을 설명하기 어려웠다. 이 문제들을 해결해 준 것이 앞에서 언급한 우주 인플레이션 이론이다. 인플레이션 이론으로 빅뱅 후, 약 10^{-35}초 사이에 발생한 급격한 우주 팽창을 포함한 물리 현상을 단숨에 해결했다. 빅뱅 초기에 우주는 빛보다 더 빠르게 팽창했다.[12] 덕분에 초기의 혼란스러웠던 우주의 주름이 펴졌고, 지금은 멀리 떨어져 있던 부분들이 밀접하게 접촉하여 열을 교환할 수 있다. 우주 인플레이션 이론은 빅뱅 이론과 별개로 볼 수 없다. 빅뱅 이론이 가지고 있었던 문제점을 해결하기 위해 알란 구스 Alan Guth, 1947가 1980년대에 제안한 이론으로서, 이를 통해 기존의 빅뱅 이론의 문제점들이 해결되었다.

---

[12] 빛의 속도 제한은 우주 안의 물체에만 적용된다. 즉, 우주 내의 어떤 물체도 빛의 속도보다 빠르게 움직일 수는 없다. 하지만 물체 사이의 공간은 빛보다 훨씬 더 빠르게 팽창할 수 있다.

> **Learn more**

- **정적 우주론** static universe

정적 우주론은 우주가 정지해 있으며(움직이지 않으며) 공간적으로나 시간상으로 우주가 무한하고, 우주가 팽창하거나 수축하지 않는다는 우주론 모델이다.

- **정상 우주론** steady-state model

정상 상태는 시스템의 성질을 정의하는 변수가 시간에 따라 변하지 않는 경우를 지칭한다. 정상 우주론에서 우주가 정상 상태라고 하면 밀도를 우주의 성질로 볼 수 있다. 밀도가 시간에 따라 변하지 않는다면 우주가 팽창하는 동안 물질도 계속해서 새롭게 생겨나야 하며, 우주의 질량은 기하급수적으로 증가하게 된다.

- **조르주 르메트르** Georges Lemaître, 1894 - 1966

빅뱅 우주론의 아버지로 불리는 조르주 르메트르는 벨기에 태생의 가톨릭 사제인 동시에 과학자였다. 그는 초기 기독교 철학에 많은 영향을 받았다. 교부 철학*에서는 천지창조를 '무로부터의 창조'Creatio ex nihilo**라고 이야기하는데, 이것은 알렉산드리아의 오리게네스Origen of Alexandria, 185 - 253가 처음 주장했다. 교부 철학에 영향을 받은 르메트르는 무로부터의 창조를 우주의 탄생으로 이해한 것 같다. 르메트르는 허블의 적색편이를 우주의 팽창으로 해석하였다. 이러한 그의 주장은 아인슈타인에 의해

---

* 초기 기독교를 이단으로부터 보호하기 위해 만들어진 철학. 아우구스티누스(Augustine of Hippo, 354 - 430), 아타나시우스(Athanasius of Alexandria, 298 - 373), 암브로시우스(Ambrose of Milan, 339 - 397) 같은 학자들에 의해 체계화되었다.

** Vladimir de Beer, Aspects of Patristic Cosmology, Logos: A Journal of Catholic Thought and Culture, 18(3), 81 - 99 (2015).

평가절하됐지만 계속해서 자신의 우주론으로 발전시켰다.

Dive deeper

• **자기 홀극** magnetic monopole

빅뱅 이론에서 빅뱅 직후 우주의 온도는 아주 높았고 강력, 약력, 전자기력은 하나의 힘으로 통합되어 있었다. 이때 우주에 자기 홀극_{보통 자석에는 N극과 S극이 함께 반대 방향으로 있다. N극이나 S극만 따로 존재하는 것을 자기 홀극이라고 부른다}이 존재했다. 자기 홀극은 오늘날에도 많이 존재해야 하지만, 그에 관한 증거를 발견하지 못했다. 기존의 빅뱅 이론으로는 설명할 수 없었지만, 우주 인플레이션 이론에 따르면 빅뱅 후, 약 10^{-36}초 이전에는 존재했지만, 급격한 우주 팽창으로 밀도가 아주 희박해져서 감지하기 어려운 수준으로 낮아졌다.

• **지평선 문제** horizon problem

추운 방을 난방할 때 난방시설을 가동시키면 시간이 지나면서 방 안의 온도가 올라가고 방안 모든 곳의 온도가 같아지면 열평형에 이르렀다고 말한다. 만약 방이 아주 크다면, 방 안의 온도가 같아지기 위해서는 시간이 아주 많이 흘러야 한다. 방 한쪽의 온도가 반대편 끝 부분의 온도와 똑같아지면 열평형이 이루어진 것이다. 우주가 빅뱅으로 탄생할 때 급격히 팽창하였다면 멀리 떨어진 곳까지 열평형에 도달하기에 충분한 시간이 없었을 것이다. 이 문제는 우주가 역사 초기에 급격한 기하급수적 팽창을 겪었다는 것을 암시한다. 인플레이션 이론은 인플레이션 시기가 시작되기 전에 우주의 모든 영역이 한때 열평형 상태에 있었으며, 우주가 먼 거리에 걸쳐 균일한 온도에 도달하는 메커니즘을 제공해준다.

• 플랑크 시간 Planck time[*]

물리학에서 의미가 있는 최소 시간 간격으로 약 5×10^{-44}초($\sim 10^{-43}$초)에 해당한다. 빅뱅의 경우, 빅뱅 후 약 10^{-43}초 부터 우주 현상을 설명하는 이유가 바로 플랑크 시간 이후부터 설명할 수 있기 때문이다. 누군가 빅뱅 후 10^{-50}초에 발생한 일을 이야기한다면 이것은 과학적으로 규명할 수 있는 현상이 아니다.

---

[*] 과학자 플랑크(Max Karl Ernst Ludwig Planck, 1858 – 1947)의 이름을 딴 상수.

소립자의 탄생:
쿼크와 렙톤

　　　　빅뱅 이전, 시공간이 없는 상태에서 에너지만 존재했다면 아주 높은 에너지가 한 점에 모여 있는 상태였을 것이다.[1] 이때 에너지를 온도로 표현하면 대략 ~10^{32}도 K였을 것으로 예상한다.[2] 얼음을 상온에 두면 녹아서 물이 된다. 물을 섭씨 100도 이상으로 가열하면 기체가 된다. 알루미늄을 대략 섭씨 660도 이상으로 가열하면 액체가 된다. 수소 원자를 약 15,000도 K 이상으로 가열하면 전자와 원자핵으로 분리된다. 대부분 원자도 수만도 이상으로 가열하면 원자가 원자핵과 전자로 분리된다. 온도가 더 올라가면 원자핵은 양성자와 중성자가 분리되며, 마침내 초고온에 이르면 모든 물질은 에너지

---

[1]　빅뱅 이론에서 빅뱅 이전을 아주 높은 에너지가 한 점에 모여있는 초임계상태로 가정한다.

[2]　K는 절대온도의 단위. 섭씨 0도(0°C)는 273K에 해당한다. 섭씨 온도 1도차는 절대온도 1도차와 같다.

로 변환된다. 참고로 에너지 밀도를 언급하려면 부피가 있어야 하지만, 점은 부피가 없으므로 에너지 밀도를 말할 수는 없다. 이런 상태에서 갑자기 시공간이 만들어지면서 급격하게 물질이 형성되었다.

빅뱅에서 또 주목할 점은 자연계에 존재하는 네 가지 힘이 분리되고, 기본입자인 쿼크quark와 경입자lepton, 렙톤가 만들어졌다는 것이다. 네 가지 기본 힘은 강력강한 상호작용, 약력약한 상호작용, 전자기력, 그리고 중력이다. 쿼크는 위up, u, 아래down, d, 꼭대기top, t, 바닥bottom, b, 맵시charm, c, 기묘strange, s, 6가지가 있다. 경입자에는 전자electron, e, 뮤온muon, μ, 타우온tauon, τ과 이들 각각의 중성미자neutrino, 뉴트리노 3개(ν_e, ν_μ, ν_τ), 총 6가지가 있다. 쿼크 중에서 '위'와 '아래'가 결합하여 강입자인 양성자와 중성자를 만들었다. '위'와 '아래'에서 더 무거운 것이 '아래'이다. 무거워서 밑으로 내려간다고 이해하면 쉽게 기억할 수 있다. 강력의 작용 여부에 따라 쿼크와 경입자를 구분한다. 쿼크 사이에서는 강력이 작용하지만 경입자 간에는 강력이 작용하지 않는다. 종종 핵의 양성자처럼 전자도 한곳에 모을 수 있다고 주장하는 사람들이 있지만, 전자는 경입자여서 전자 간에는 강력이 작용하지 않아 핵에 있는 양성자들처럼 한곳에 모을 수 없다.

기본입자인 쿼크와 경입자 이외에도 중요한 입자들이 있다. 대표적으로 쿼크와 글루온으로 이루어진 입자를 강입자hadron라고 하며, 강입자는 다시 쿼크 3개로 이루어진 중입자baryon와 쿼크 2개로 이루어진 중간자meson로 나뉜다. 대표적인 중입자로는 원자핵을 구성하는 양성자쿼크 3개로 구성, uud와 중성자쿼크 3개로 구성, udd가 있다.

표 1-1 기본입자인 쿼크와 경입자

쿼크			경입자		
위 (u)	꼭대기 (t)	맵시 (c)	전자(e)	뮤온(μ)	타우온(τ)
아래 (d)	바닥 (b)	기묘 (s)	전자중성미자 (ν_e)	뮤온중성미자 (ν_μ)	타우온중성미자 (ν_τ)

빅뱅에서 기억해야 하는 중요한 시간은 네 개가 있다. 첫째, 약 138억 년 전 빅뱅으로 우주가 생겼다. 둘째, 빅뱅 후 약 10^{-6}초에 양성자와 중성자가 만들어졌다. 셋째, 빅뱅 후 약 3분, 헬륨 원자핵이 생성되었다. 넷째, 빅뱅 후 약 38만 년,[3] 플라즈마 상태 전자와 원자핵으로 구성에 있던 우주에서 비로소 원자가 생성되었다.

표 1-2 빅뱅 후, 주요 시간대별 발생사건

빅뱅 후 약 10^{-6}초	빅뱅 후 약 3분	빅뱅 후 약 38만 년
양성자, 중성자 생성	헬륨 원자핵 생성	원자 생성
양성자: 중성자=1:1	양성자:중성자=7:1에서 헬륨 원자핵 생성	수소, 헬륨 원자

빅뱅 이후 약 38만 년까지 우주는 수소 원자핵, 헬륨 원자핵, 그리고 전자들로 이루어진 플라즈마 상태였다. 플라즈마는 빛의 흡수와

[3] 빅뱅 이론에서는 대략 37만 5천 년이라고 한다. 이 책에서는 반올림하여 약 38만 년으로 표기한다.

방출을 무한히 반복할 수 있어서 그 모습이 마치 안개 속에서 전등을 켠 것과 같은 형상을 띤다.

그림 1-4는 플라즈마 볼의 모습이다. 내부에서 생성된 플라즈마로 인해 발생하는 빛은 분홍색을 띤다. 플라즈마는 빅뱅에서도 있었고 우주 공간에서도 자주 발생한다. 태양 표면에도 플라즈마가 있다. 플라즈마는 우리 일상생활에서도 많이 사용된다. 빅뱅 이후 원자핵과 전자의 혼합 상태인 플라즈마들이 빅뱅 이후 발생한 빛의 흡수와 재흡수를 반복하는 과정에서 빅뱅과 관련된 많은 정보가 사라졌다. 그렇다면 빅뱅이 있었다는 것을 어떻게 확신할 수 있을까?

그림 1-4 플라즈마 볼. 중심부에서 안개처럼 뿌옇게 사방으로 퍼져 나오는 것이 플라즈마다. 플라즈마의 색은 기체의 종류나 에너지를 조절하여 바꿀 수 있다.

헤미 빅뱅 이후 38만 년이 지날 때까지 우주는 플라즈마 상태였다는데, 그럼 빅뱅 이후 우주의 모습을 어떻게 알 수 있지?

보민 플라즈마 상태에서 빛은 끊임없이 흡수/방출/재흡수/재방출을 반복해서 플라즈마가 없어지기 이전 모습을 우리는 알 수 없어.

헤미 그렇다면 빅뱅 이후 언제부터 우리가 관찰할 수 있는 거야?

보민 우리가 관찰할 수 있는 시간은 빅뱅 이후 약 38만 년이야. 그 이전의 빛은 남아 있지 않아. 빅뱅이 일어나고 38만 년 이후부터 빛이 남아 있어. 그 흔적을 찾으려고 사람들은 다양한 방법을 동원하고 있지.

헤미 빅뱅이 일어나고 38만 년 이후의 빛이 남아 있다고 해도 그 빛이 눈에 보이진 않잖아. 그것을 어떻게 알 수 있어?

보민 그 빛은 우주가 팽창하는 동안 우주를 통과하면서 에너지를 조금씩 잃었거든. 빛이 에너지를 잃으면 파장이 길어져. 그래서 빅뱅이 일어나고 38만 년 이후의 빛은 남아 있다고 해도 이제 우리 눈에 보이지 않을 거야. 빅뱅 이론을 제창한 가모프가 빅뱅 후 38만 년이 되었을 당시 우주 온도를 계산했을 때 약 3천도K였어. 우주를 흑체로 가정해서 발생하는 빛의 파장을 계산하고, 이를 토대로 우주의 현재 크기가 되었을 때 파장을 계산했어. 결과적으로 3천도K의 우주가 식어서 현재의 모습이 된 것으로 가정한 계산 결과와 우주배경복사를 측정한 값이 일치했어. 그래서 빅뱅 후 38만 년 되었을 때 플라즈마가 사라진 것을 알게 되었어.

헤미 우주배경복사는 누가 발견했어?

보민 펜지어스와 윌슨이 1965년에 발견했어. 안테나로 신호를 잡는 도중, 안테나 방향을 바꾸어도 모든 방향에서 동일한 형태로 잡히는 잡음

noise이 있는 것을 알아냈어. 전파 신호들 사이에서 발생하는 간섭 효과를 비롯하여 잡음이 생길 수 있는 모든 요소를 하나씩 고려해보았지만, 결론적으로 이 잡음이 빅뱅의 남겨진 흔적이라는 것을 알게 되었어.

헤미 우주배경복사를 관찰할 수 있는 다른 방법은 없어?

보민 오래전 사용하던 아날로그 방식의 브라운관 텔레비전 CRT television으로 우주배경복사를 관찰할 수 있어. 요즘 전자기기와는 달리 아날로그 방식의 텔레비전은 채널 손잡이를 손으로 돌렸어. 영어 단어 턴온 turn on, 턴오프 turn off는 스위치를 손을 돌려서 작동시키거나 작동을 멈춘다는 뜻이야. 채널을 돌리다가 방송신호가 없는 채널에서 화면이 흰색/검은색 점들이 지글거리는 모양의 신호가 화면에 나타나면서, 지지직 거리는 소리가 났어. 이 화면이 우주배경복사 신호였어.

Learn more

• **글루온** gluon

풀 혹은 접착제를 의미하는 glue에 입자를 뜻하는 on을 붙여서 gluon이라고 한다. 글루온은 4가지 기본 힘 가운데서 가장 강력한 힘인 강력을 매개하는 입자이다. 원자의 핵 속에 양성자들이 공존할 수 있는 이유는 글루온을 통한 강력이 있기 때문이다.

• **강입자** hadron

강력을 통해 결합한 입자로서 중입자 baryon와 중간자 meson로 나눈다. 중입자는 쿼크 3개로 이루어져 있으며, 대표적으로 양성자 uud와 중성자 udd가 있다. 중간자는 일본인 과학자 유카와 히데키가 처음으로

도입한 개념이다. 중간자는 쿼크 한 개와 쿼크의 반입자에 해당하는
반쿼크 한 개쿼크 1개, 반쿼크 1개로 이루어진 강력을 매개하는 입자다.

- **QCD** Quantum Chromodynamics, 양자색역학

강한 상호작용강력을 설명하는 이론으로서, 쿼크와 글루온 간의
상호작용을 설명한다. 쿼크는 색전하color charge를 가지며, 색전하는
빨강, 초록, 파랑 3종류가 있다. 이 색전하 사이의 상호작용 매개체가
글루온이며, 색전하가 상쇄되는 방식으로 강입자가 형성된다.
츠바이크George Zweig, 1937, 그로스David Jonathan Gross, 1941, 윌첵Frank
Wilczek, 1951을 비롯한 과학자들에 의해 QCD이론이 체계화되었다.

- **QED** Quantum Electrodynamics, 양자전기역학

QED는 전자나 양성자와 같이 전하를 띤 입자들 사이에서의 상호작용,
즉 전자기력을 설명하는 이론이다. QED에서 광자photon는 전자기력을
매개하는 입자이다. QED는 파인만Richard Feynman, 1918 – 1988,
슈윙거Julian Schwinger, 1918 – 1994, 그리고 도모나가Shin'ichirō Tomonaga, 1906
– 1979에 의해 체계화되었다.

- **파인만 다이어그램** Feynman diagram

선과 점을 이용하여, 복잡한 양자역학의 상호작용을 간단하게 표현한
도표이다. 선으로는 직선, 곡선, 실선, 점선을 사용하며 두 개 이상의 선이
만나는 점은 상호작용을 나타낸다. 입자물리, 핵물리, 응집물리, 심지어
화학에서도 사용되고 있으며 복잡한 입자 간의 상호작용을 보기 쉽도록,
시각적으로 간단하게 표현할 수 있다. 파인만 다이어그램을 이용하면
복잡한 계산을 단순화할 수 있다.

- **이휘소** Benjamin Whisoh Lee, 1935 – 1977

한국인 역사상 최고의 천재 과학자 중 한 명으로 불린다. 한국에서는
'이휘소'로 알려졌지만, 해외에서는 'Benjamin W. Lee'로 널리 알려졌다.

'Whisoh Lee'로 검색하면 다른 사람의 논문이 검색된다. QCD와 QED 이론을 체계화시키는 데 큰 공헌을 하였고, 그의 연구 결과는 많은 과학자에게 영향을 주었으며, 대표적인 인물로는 노벨상을 받은 압두스 살람Muhammad Abdus Salam, 1926 - 1996과 엇호프트Gerardus 't Hooft, 1946가 있다. 이휘소 박사의 연구 분야를 핵폭탄과 연관 짓는 사람들이 간혹 있다. 입자물리핵물리에서의 상호작용은 핵폭탄제조와는 관련이 없지만, 비슷한 용어인 '핵'이 공통으로 있다보니 핵폭탄개발과 이휘소 박사의 죽음이 연관되었다는 괴담도 있다. '핵'은 세포에도 있다. 세포에서의 핵분열도 '핵분열'로 표기되지만 핵폭탄과는 관련이 없다. 이런 괴담이 바로 범주의 오류에 해당한다. 서로 다른 범주에 속하는 말들을 같은 범주에 속하는 것으로 생각하고 사용할 때 일어나는 오류이다.

• **브라운관 텔레비전** Cathode Ray Tube television, CRT TV

브라운관 텔레비전을 기억하는 분이 있을 것이다. 처음 텔레비전을 작동시키면 화면에 나오던 잡음이 사실은 우주배경복사의 신호였다.

그림 1-5 브라운관 텔레비전의 잡음*

* https://en.wikipedia.org/wiki/Noise_%28video%29#/media/File:TV_noise.jpg

원자의 탄생

　　　　빅뱅 후 38만 년까지 우주는 플라즈마로 가득 차 있었다. 플라즈마는 원자가 전자와 원자핵으로 분리되어있는 상태다. 빅뱅 이후 수소 원자핵양성자과 헬륨 원자핵, 그리고 전자들이 혼합되어 있었다. 플라즈마 상태인 양성자와 전자 모두 빛을 흡수하고 방출할 수 있지만, 양성자보다 빛을 더 잘 흡수하고 방출하는 것은 전자다. 전자는 양성자보다 훨씬 가볍고 잘 움직인다. 또한 전자는 에너지를 얻으면 더 높은 에너지 상태가 되며 이후 빛을 방출하여 에너지를 낮춘다. 질량이 훨씬 많이 나가는 양성자 또는 헬륨 원자핵은 전자가 빛과 반응하는 방식으로 상호 작용하지 않는다. 빅뱅 후 약 38만 년까지 플라즈마 상태인 우주는 플라즈마가 빛을 흡수하고, 방출하여 온통 뿌연 상태였다그림 1-6.

　　빅뱅 후 원자의 탄생까지 걸린 시간은 대략 38만 년이다. 이때 처음으로 수소 원자와 헬륨 원자가 만들어졌다. 그렇다면 38만 년 이

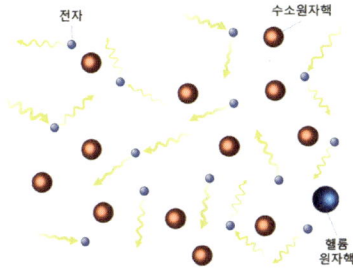
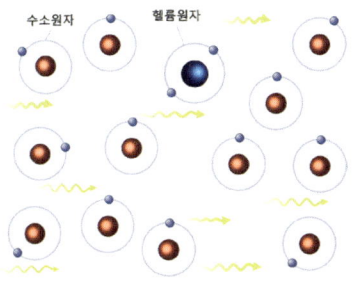

그림 1-6 빅뱅 후 약 38만 년까지 우주는 플라즈마 상태였다. 이때 빛은 전자들에 흡수, 방출, 재흡수, 재방출을 반복하여 안개 낀 것처럼 뿌연 상태였다.

그림 1-7 빅뱅 후 약 38만 년에 원자가 형성되었다. 이후 우주는 비로소 투명해졌다.

후는 이전과 어떤 차이가 있을까? 비로소 우주가 투명해졌다. 원자가 생성된 이후 플라즈마가 사라지면서 빛의 흡수와 방출은 멈추었다. 우주는 비로소 투명해졌고 이때의 빛이 현재까지 남아 있다. 그렇다면 이때의 빛이 현재까지 남아있다는 것은 무엇을 뜻할까?

 이것은 빅뱅 후 약 38만 년 지난 무렵 우주에서 발생한 빛의 일부가 흡수되지 않은 상태로 우주 공간을 떠돌고 있다는 것을 의미한다. 우주의 크기가 유한하고 작다면 우주가 형성되고 약 138억 년이 지난 시점에서, 우주 한쪽 끝에서 발생한 빛이 우주의 다른 쪽 끝부분에 도달했을 것이다. 그렇다면 빅뱅 후 약 38만 년 시점에서 발생한 빛을 관찰할 수 없을 것이다. 하지만 우주의 크기가 빛으로 138억 년 여행하는 것보다 크거나, 우주가 계속해서 팽창하고 있음을 의미한다. 우주가 빅뱅 후 계속해서 팽창했다면 단열팽창[1]이 일어났다고 가정할 수 있다. 단열팽창으로 우주의 내부에너지가 감소하면서 우주가 서서히 식었고, 현재 우주의 온도는 대략 2.7도K이다.

빅뱅 후 약 38만 년 당시의 빛이 서서히 에너지를 잃으면서 현재의 라디오파radio frequency, RF에 해당하는 전파 형태로 남아 있다. 이 전파가 우주배경복사로 관찰되는 것이다. 우주배경복사는 빅뱅 이후 약 38만 년이 지난 우주 상태를 보여주는 중요한 정보이다. 우주배경복사의 파장은 대략 0.06cm이며 주파수는 대략 160GHz에 해당한다.

허블 망원경을 대체할 목적으로 미국에서 우주로 발사한 제임스웹James Webb 망원경의 임무 중 하나가 원시우주의 모습을 적외선으로 관찰하는 것이다. 제임스웹 망원경으로 빅뱅 후, 대략 2억 년에서 4억 년 사이에 형성된 원시우주를 관찰할 수 있다.

과학자들은 빅뱅 후 처음 별이 등장한 시기를 약 1억 년에서 2억 년 사이로 추정한다그림 1-8에서 가장 왼쪽 그림. 당시 우주의 크기는 지금보다 훨씬 작았다. 별에서 방출된 빛 중에서 일부는 다른 행성이나 물질에 흡수되지 않고 계속해서 우주를 통과하고 있다. 빛의 파장은 별에서 빛이 처음 나왔을 때보다 점점 늘어나게 된다. 우주가 계속 팽창함에 따라 빛이 긴 시간 동안 우주를 여행하면서 에너지를 천천히 잃고 흡수되거나 사라지기도 하지만, 일부는 계속해서 우주

---

1   단열팽창을 이해하려면 구름 생성 과정을 살펴보면 된다. 수증기가 있는 공기는 위로 올라가면 부피가 팽창하면서 온도가 낮아져 수증기가 응결되어 구름이 된다.

반대쪽으로 여행을 계속했다.[2] 그 사이 우리 은하가 생기고, 태양계가 형성되면서 현재의 지구도 생겼다. 초기 별은 이미 우주에서 사라지고 없지만, 초기 별에서 방출된 빛 일부는 여행을 계속한 끝에 우리 은하의 태양계에 도달했다. 과학의 발전으로 지구에서 바로 그 빛을 적외선으로 관찰할 수 있게 되었다. 그 빛을 자세히 관찰한다면 우주 초기 별 생성 시기의 모습을 알 수 있을 것이다.

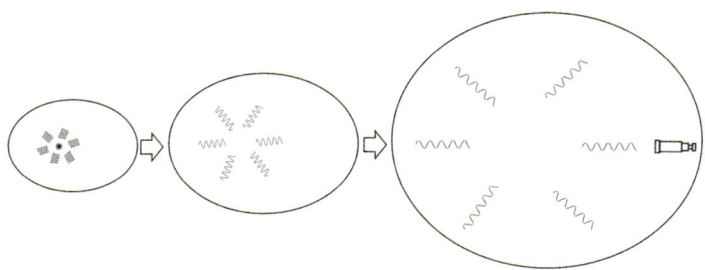

그림 1-8 우주 탄생 후 생성된 별에서 빛이 사방으로 퍼져 나갔다. 우주가 계속 팽창하는 동안 초기 별은 사라졌지만, 별빛은 우주를 계속 여행하고 있다. 지구에서 망원경으로 그 별빛을 관찰하면 비록 초기 별은 수명을 다해 사라졌어도 별이 빛을 발하던 시기의 정보를 얻을 수 있다. 다만 지구에서 망원경으로 별빛을 관찰하더라도 그것은 과거 별의 모습이다. 예를 들어, 지구로부터 약 250만 광년 떨어진 안드로메다의 별빛을 본다면 그것은 250만 년 전 별의 모습을 보는 것이다.

[2] 완벽한 진공 상태에서 빛이 이동한다면 에너지를 잃지 않는다. 우주는 완벽한 진공이 아니다. 비록 밀도가 아주 낮지만 수소, 헬륨을 비롯한 가스들이 있어서 우주를 통과하는 동안 가스들에 산란되면서 에너지를 서서히 잃거나, 가스에 흡수되어 사라진다.

헤미 지구로부터 500광년 떨어진 칸타피아 별의 모습이 포착되었다는 어제 뉴스 봤어? 거기 너무 멋있어 보이더라. 그 별에 꼭 가보고 싶어.

보민 500년 전에는 멋있는 곳이었을 거야. 그런데 지금은 어떻게 변해 있을까?

헤미 무슨 소리야? 어제 뉴스 화면에서 본 그 별은 정말 멋있었는데.

보민 그 멋있는 별빛이 지구까지 오는 데 500년이 걸렸어. 우리가 어제 뉴스에서 본 건 500년 전 빛이지. 그 별이 어제 폭발했다면, 우리는 폭발 모습을 500년 후에나 볼 수 있어. 당연히 현재 그 별의 모습을 우리는 알 수 없어.

헤미 우리가 망원경으로 보는 별이 현재 모습이 아니란 거야?

보민 맞아. 별에서 방출된 시점의 별빛을 볼 수 있는 거야. 덕분에 우리는 과거의 우주를 볼 수 있어.

헤미 그렇다면 안드로메다은하가 지구로부터 250만 광년 떨어졌으니까, 우리가 지금 보는 안드로메다은하는 250만 년 전 모습이겠군.

보민 맞아. 250만 년 전 모습이라서 지금의 모습과는 다를 거야. 지구 반대편 우주에서 방출된 별빛이 지구까지 오는 동안 서서히 별빛은 에너지를 잃게 되지. 그 과정에서 가시광선이 아닌 적외선 또는 원적외선 대역으로 별빛은 파장이 늘어나게 돼. 그래서 과거 우주의 모습을 관찰하기 위해 사람들은 가시광선이 아닌 적외선이나 원적외선 대역의 별빛을 관찰하는 거야. 적외선이나 원적외선을 관측하면 심우주_{지구로부터 200만km 이상 떨어진 우주}에 있는 별들을 더 잘 관찰할 수 있어. 이것을 위해 설치한 망원경이 제임스웹이야.

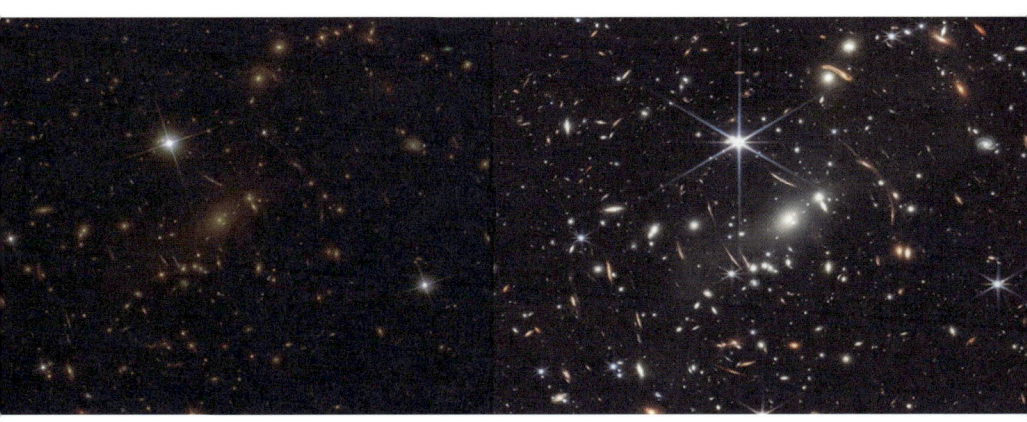

그림 1-9 허블 망원경(왼쪽)과 제임스웹(오른쪽)으로 찍은 우주 은하(SMACS 0723) 이미지[3]. 제임스웹으로 찍은 우주 은하의 모습이 훨씬 선명하며 그동안 관찰되지 않았던 별들이 발견됐다.

[3] https://www.nasa.gov/image-article/nasas-webb-delivers-deepest-infrared-image-of-universe-yet/

빅뱅 이후 38만 년 후:
본격적인 원자들의 생성

플라즈마 상태였던 수소 원자핵과 헬륨 원자핵이 전자와 결합하면서 비로소 원자수소, 헬륨가 만들어졌다. 그렇다면 수소와 헬륨 이외의 원자들은 언제 어떻게 만들어졌을까? 빅뱅 당시 만들어지지 않았다면 다른 원자들은 수소와 헬륨 원자로부터 파생되었다고 볼 수밖에 없다. 다른 방법은 존재하지 않는다. 그렇다면 수소와 헬륨으로 어떻게 다른 원자들이 만들어졌을까? 수소 원자는 양성자 1개와 전자 1개로 이루어져 있다.[1] 수소 원자핵 4개가 모인 상태에서 핵융합이 일어나면 헬륨 원자핵 1개가 된다. 이 과정에서 질량 차이만큼 에너지를 방출한다. 그리고 다시 헬륨 원자를 핵융합시켜서 더 무거운 원자가 만들어진다.

20년 전까지만 해도 사람들은 핵융합하면 '수소폭탄'을 떠올렸

---

[1] 수소의 동위원소로 중수소(양성자 1개, 중성자 1개, 전자 1개)와 삼중수소(양성자 1개, 중성자 2개, 전자 1개)가 있지만, 그 양이 아주 적다.

다. 그러나 핵융합의 대표적인 예로 태양을 들 수 있다. 태양은 수소 핵융합을 통해 빛과 열을 발생시킨다. 최근에는 수소 핵융합발전으로 안정적이면서 깨끗한 에너지 생산이 가능하다는 것이 알려지면서, 핵융합에 대한 인식도 점차 바뀌고 있다. 그런데도 '핵융합'이라는 단어를 들으면 사람들은 여전히 태양보다는 '수소폭탄'을 먼저 떠올린다. 빅뱅 이후 38만 년이 지난 시점으로 돌아가 보자. 우주에 넘쳐나던 플라즈마가 사라지면서 우주가 환하게 보이기 시작했다. 그렇다면 플라즈마 대신 수소가 대부분인 공간에서 어떻게 수소를 한곳으로 모을 수 있었을까? 수소 핵융합이 발생하려면 수소가 모여서 커다란 덩어리를 형성해야 한다. 빅뱅 후 플라즈마가 사라졌을 때 다행히도 우주의 밀도는 균일하지 않았다. 수소와 헬륨이 불균일하게 퍼져 있었고, 밀도가 높은 곳에서 가스 구름이 형성되었다. 밀도가 높은 곳은 중력만유인력이 커서 주위의 수소를 잡아당겨서 밀도가 높은 곳을 중심으로 수소가 뭉쳐졌을 것이다. 수소들이 모이면서 중력에 의해 크기는 더욱 작아지고, 주위의 수소들을 더 많이 잡아당기면서 크기가 차츰 커지면서 중력도 같이 커졌다. 이 과정을 반복하면서 마치 목성처럼 거대한 수소 덩어리가 형성된다. 목성 크기에서 더 많은 수소가 모여들면서 크기가 목성보다 커지면 중력이 증가하면서, 가스 중심부가 수축한다. 이때 중심부 온도가 약 1,000만 도$_K$ 이상이 되면 중심부에서 수소 핵융합반응이 시작되어 빛과 열을 내뿜기 시작한다. 빛을 방출하는 천체 중에서 핵융합반응으로 빛을 내는 천체를 주계열성 main sequence star이라고 부른다.

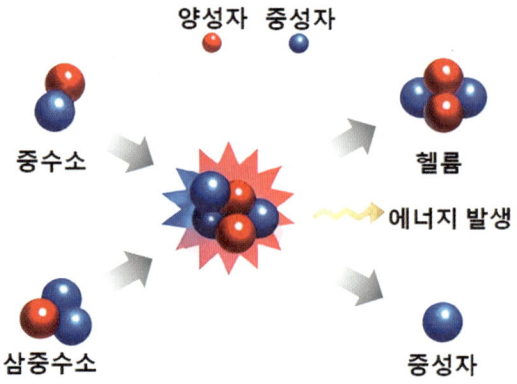

그림 1-10 수소 원자핵 4개가 하나로 합쳐지면 헬륨 원자핵 1개가 된다. 이것을 수소 핵융합이라고 한다. 이때 수소 원자핵들의 질량이 헬륨 원자핵의 질량보다 살짝 더 많이 나간다. 결과적으로 사라지는 질량은 에너지로 바뀐다.

헤미   수소폭탄을 핵무기라고 하는데, 원래 원자폭탄을 핵무기라고 하지 않나?

보민   제2차 세계대전에서 사용한 원자폭탄은 인류가 개발한 최초의 핵무기야. 핵무기는 핵을 분열시키거나 융합시킬 때 발생하는 에너지를 이용하는 폭탄이야. 제2차 세계대전에서 사용한 원자폭탄은 우라늄과 플루토늄의 핵을 분열시키는 방식을 이용했어.

헤미   그럼, 수소폭탄도 수소핵을 분열시키는 거야?

보민   수소핵은 양성자가 1개로 이루어져 있어서 수소핵을 분열시키지 않고, 그 대신 수소 원자핵 4개를 헬륨 원자핵 1개로 핵융합시키는 방법을 이용해.

헤미   핵융합보다 핵분열이 쉬울 것 같은데.

보민 맞아. 핵분열이 상대적으로 쉬워. 수소 핵융합반응은 1,000만도 이상의 고온에서 일어나거든. 그래서 원자폭탄을 먼저 터뜨려서 온도를 올린 후 수소 핵융합이 일어나게 하는 방식으로 수소폭탄을 만들어.

헤미 그래서 원자폭탄을 만든 후에 기술이 더 발전하고 나서 수소폭탄을 만들 수 있었던 거구나.

대표적인 주계열성이 태양이다. 태양 내부에서는 핵융합에 의한 폭발이 있고, 이 폭발을 상쇄할 만큼 큰 중력이 작용하고 있다그림 1-11. 이 두 개의 힘이 균형을 이루어 태양이 폭발하거나 수축하지 않고 그 형태를 유지한다. 주계열성은 주로 수소로 이루어져 있다. 그래서 수소 핵융합을 하면서 주계열성의 시간 대부분을 보낸다. 질량이 클수록 중력이 커져서 발생하는 수소 핵융합은 더 격렬하게 진행

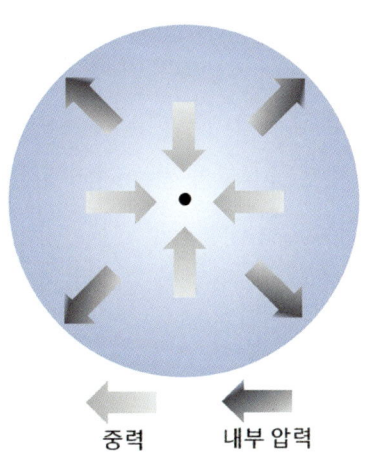

그림 1-11 주계열성 내부에서 핵융합에 의한 폭발력은 별을 팽창시키려 하지만 별의 자체 중력은 팽창을 저지한다. 만약 핵융합에 의한 폭발력이 중력보다 크다면, 별은 팽창하면서 핵융합을 멈추게 된다. 반대로 중력이 폭발력보다 크면 별은 수축하게 된다.

중력   내부 압력

되며, 이로 인하여 태양보다 질량이 클수록 별의 수명은 짧아진다.

주계열성의 중심에서 수소 핵융합으로 수소 대부분이 헬륨으로 바뀌면 수소 핵융합은 멈춘다. 수소가 모두 헬륨으로 변하여 밀도가 커진 별 중심부는 중력이 커지면서 갑자기 수축하게 된다. 이때 발생한 열로 밀도가 낮은 표면 부분이 급격히 팽창하면서 온도가 떨어져 붉은색을 띤다.[2] 이 단계의 별을 적색거성red giant이라고 부른다. 적색거성의 중심부에서 온도가 약 1억 도K에 도달하면 헬륨 핵융합 반응이 시작되면서 헬륨이 탄소로 바뀐다. 중심부에 있는 헬륨이 모두 탄소로 바뀌면 헬륨 핵융합은 멈추게 되며, 중심부는 더욱 수축하여 백색왜성white dwarf으로 바뀐다. 적색거성 표면에 있던 부분들은 '행성상 성운planetary nebula'으로 불리는 가스 구름 형태가 된다.

태양 정도 크기의 별에서는 중심부에서 핵융합으로 탄소까지 만들어진다그림 1-12. 주계열성에서 수소 핵융합이 멈추어도 헬륨 핵융합 반응이 미비하게 일어날 수 있다. 마찬가지로 헬륨 핵융합 반응이 멈추어도 중심부의 불균일한 온도로 탄소 핵융합이 미비한 수준에서 일어날 수 있다. 결과적으로 태양 정도 크기의 별 내부에서는 헬륨 핵융합까지 일어날 수 있지만, 내부 중심부에 탄소 이외에 산소도 생성될 수 있다.

태양보다 크기가 큰 별의 중심부에서 수소 핵융합이 끝나면, 중심부는 급격히 수축하고 표면이 팽창하여 초거성보다 훨씬 큰 초신성

---

2 별의 표면 온도가 높으면 흰색이나 파란색으로 보이며, 별의 표면 온도가 낮으면 붉은색으로 보인다.

그림 1-12 태양 정도 크기의 별에서는 수소 핵융합으로 중심부에서 헬륨이 만들어진다. 중심부에 있는 수소가 모두 헬륨으로 바뀌고 중심부 온도가 약 1억 도(K)에 도달하면, 헬륨 핵융합이 시작되어 중심부에서 탄소 원자가 생성된다. 헬륨 핵융합이 멈추어도 탄소 핵융합이 일부 진행될 수도 있다. 결과적으로 중심부에서 탄소 이외에 산소가 형성되기도 한다.

supergiant으로 변한다. 중심부에서는 헬륨 핵융합이 시작되며, 헬륨 핵융합이 끝나면 중심부가 수축하면서 탄소 핵융합이 시작되어 결국 철까지 만들어진다. 중심부가 철로 변하면 핵융합은 멈추게 되며 별은 급격하게 수축한다 그림 1-13. 별의 내부 중력은 아주 커서 별이 수축을 견디지 못하면 폭발하면서 밝게 빛난다. 이것을 초신성 supernova이라고 부른다. 이때 철보다 원자번호가 큰 금, 은, 우라늄 같은 원자들이 만들어진다. 지구에 존재하는 중금속은 이미 사라져 버린 별들의 흔적들이다. 초신성 폭발 이후 살아남은 별은 중성자별 neutron star이 되며, 중성자별의 중심부가 더 수축하면 블랙홀 black hole[3]로 변한다.

---

3   블랙홀의 영어 표기는 'black hole'이다. 'blackhole'로 혼동하면 안된다.

헤미   태양이 수소로 되어 있다니! 그런데 어떻게 빛을 낼 수가 있을까?

보민   18-19세기 사람들은 태양이 석탄으로 만들어졌다고 생각했어. 태양을 거대한 석탄으로 가정하여 태양의 수명을 계산해 보니, 태양 수명은 수천 년 정도밖에 되지 않았어. 이후 태양 성분과 빛을 발생시키는 원리를 이해하기 위해 오랜 시간 연구를 했어.

헤미   보통 성분분석을 할 때 불꽃반응 실험을 하잖아. 불꽃반응 실험을 해보면 태양이 어떤 성분으로 구성되어 있는지 알 수 있잖아?

보민   맞아, 불꽃반응 실험에서 나트륨은 노란색을 발생시키지. 태양 빛을 분광기로 분석해보면 나트륨의 선스펙트럼이 나타나.

헤미   그렇다면 태양은 수소가 아니라 나트륨으로 되어 있는 게 아닐까?

보민   나트륨이 태양의 주성분이라면 나트륨의 선스펙트럼이 엄청나게 많이 나와야 하지만 아주 일부만 발생해. 그리고 햇빛을 분광기로 관찰하면 연속스펙트럼이 관찰되거든.[4] 수소 핵융합을 모르던 시절에는 별빛을 보고 붉은색 별은 스트론튬으로 되어 있고, 푸른빛 별은 구리로 되어 있다고 믿기도 했어.

핵에너지가 가장 큰 원자는 철 Fe 이다. 철보다 원자번호가 커지면 핵 속의 양성자/중성자 수가 너무 많아져서, 양성자 사이에 작용하

---

[4]   태양 빛을 분광기로 관찰하면 흡수선이 있는 흡수스펙트럼으로 관찰된다. 흡수선이 많지 않고 흡수선폭도 아주 얇아서 정밀한 관측을 하지 않으면, 연속스펙트럼으로 보일 수 있다. 독일 과학자 프라운호퍼(Joseph Ritter von Fraunhofer, 1787 – 1826)가 태양스펙트럼에서 흡수선을 처음 발견했다.

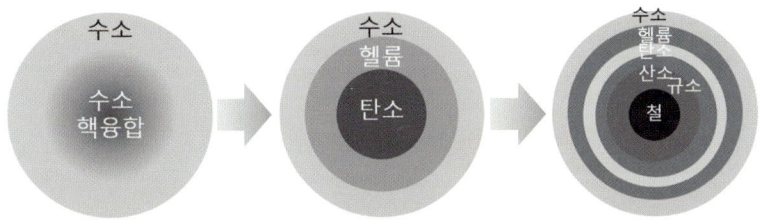

그림 1-13 태양보다 큰 별의 내부에서는 핵융합으로 철까지 만들어진다. 철이 만들어지면 핵융합은 멈추게 된다. 하지만 중력으로 인해 별의 크기가 급격히 줄어들면서 폭발하는 초신성이 된다. 이때 철보다 원자번호가 큰 원자들이 생성된다.

는 전자기력척력이 커져, 원자핵은 불안정해진다. 우라늄이나 플루토늄은 핵 속에 양성자가 너무 많아서 원자핵이 불안정하며, 결과적으로 불안정한 우라늄과 플루토늄의 원자핵을 분열시켜서 핵폭탄을 만들 수 있다. 주기율표에 있는 원자번호 100 이상의 원소들도 원자핵이 아주 불안정하여 반감기가 짧아서, 자연 상태에서는 오랫동안 존재하기 어렵다. 심지어 이들 원소 중 일부는 입자가속기와 원자로에서 만들어지지만, 불안정하여 아주 짧은 시간 동안만 존재할 수 있다. UFO의 연료로 원자번호 115번인 모스코븀Moscovium, Mc을 사용한다는 괴담이 있다. 모스코븀의 반감기는 약 0.65초이며, 만들어져도 아주 잠깐만 존재한다. 또한 만들기도 쉽지 않다. 반감기가 아주 짧은 모스코븀을 에너지원으로 사용하려면 모스코븀을 끊임없이 계속해서 만들어야 사용할 수 있다. 에너지원으로 사용할 수 있는 에너지보다, 만드는데 더 많은 에너지가 필요할 것이다. 괴담은 어디까지나 괴담이다!

Dive deeper

• 별빛 스펙트럼을 통한 수소와 헬륨 비율

별빛 스펙트럼을 관찰한 결과 수소와 헬륨의 질량비는 약 74:24다. 이것은 빅뱅 이론에서 빅뱅 후, 약 3분이 되었을 때 수소와 헬륨의 질량비 3:1과 거의 일치한다. 우주 전체의 비율을 측정하지 않고 별빛만 관찰하는 이유는 무엇일까? 간단한 예로 태양계를 살펴보자. 태양의 질량은 전체 태양계 질량의 약 99.86%에 해당하므로, 태양계 전체의 질량을 태양의 질량으로 간주할 수 있다. 우주 전체의 구성 성분을 측정한다면 우주에서 관찰되는 별빛을 분석해도 우주 전체의 구성 성분과 차이가 거의 없다.

• 지구 내부는 액체

어떤 물질이 온도와 압력에 따라 기체, 액체, 고체로 존재할 수 있는 조건을 표현한 것을 상태도$_{phase\ diagram}$라고 부른다. H_2O는 다른 물질들과 달리 고체 상태의 얼음이 압력을 받으면 결국 액체인 물로 변한다. 이와 비슷한 특성을 가진 물질이 하나 더 있다. 바로 주철이다. 주철이란 철에 탄소가 많이 포함된 물질이다. 보통 솥뚜껑의 재질로 알려져 있다. 주철도 아주 높은 압력에 노출되면 고체에서 액체로 바뀌게 된다. 지구의 핵은 철, 니켈, 망가니즈와 같은 물질로 구성되어있으며, 철에 탄소가 포함되어 있어서 주철과 비슷한 형태로 외핵 부분에 존재한다. 외핵에서 높은 압력을 받아 외핵은 액체 상태로 변한다. 지구 외핵이 액체 상태인 것은 지진파로 확인되었다. 내핵은 고체, 외핵은 액체로 되어 있으며 지구의 내핵은 자전하고 있다. 내핵의 자전주기는 지구의 자전주기보다 살짝 짧다. 즉, 지구의 내핵은 지구보다 조금 더 빨리 회전하고 있다.

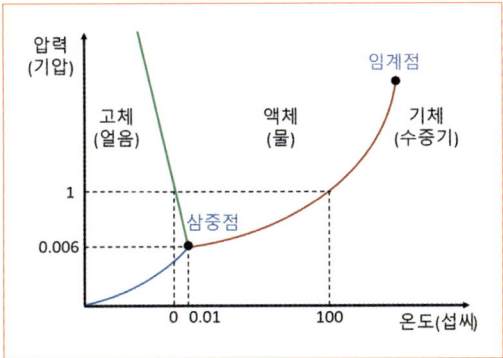

그림 1-14 물의 상태도

물질과 반물질:
반물질로 이루어진 외계인과 악수 금지

자연계에는 대칭을 지닌 것들이 많이 있다. 예를 들면, 사람 몸은 좌우 대칭이다. 양손도 좌우 대칭이다. 오른손과 왼손을 똑같이 겹칠 수는 없지만 거울에 비친 모습처럼 같다. 이런 특성을 대칭성이라 한다. 빅뱅 이후 생겨난 기본입자 사이에도 대칭성이 존재할까? 이 질문에 답한 사람이 있다. 물질과 대칭 관계에 있는 물질을 반물질이라고 하는데, 수학적으로 이를 계산해낸 사람이 폴 디랙 Paul Dirac, 1902 – 1984이다. 그는 양자역학에 상대론을 적용하는 과정에서 전자와 반대되는 입자를 생각해냈다. 폴 디랙 하면 보통 그가 만든 델타 함수delta function를 떠올린다. 디랙이 예측한 전자의 반물질을 양전자positron라고 하며, 양전하의 존재가 밝혀지면서 물질—반물질의 대칭성이 알려졌다. 기본입자들이 결합하여 만들어진 물질과 기본입자의 대칭 입자들로 이루어진 반물질이 만나면 하나로 합쳐지면서 에너지로 변환된다.

그림 1-15 물질로 이루어진 사람이 반물질로 이루어진 사람과 악수하는 순간 에너지로 바뀌어 물질과 반물질 모두 사라지게 된다.

반물질로 이루어진 사람을 만나서 악수를 하면 에너지로 변환되며 둘 다 사라지게 된다그림 1-15. 이것은 과학책을 읽다 보면 발견할 수 있는 내용이다. 물질과 반물질은 질량은 서로 같지만 서로 반대의 전하를 가진다. 쉬운 예로, 음의 전하를 띠는 입자인 '전자'와 양의 전하를 띠는 '양전자'반도체에서 사용하는 홀(hole, 양공)과는 다르다가 여기에 해당한다. 물질과 반물질이 만나면 엄청난 에너지를 방출하면서 두 입자는 사라진다. 발생하는 에너지는 아인슈타인의 에너지—질량 등가 공식($E=mc^2$)으로 계산할 수 있다. 물질과 반물질 모두 빅뱅 이후 생겨났다. 빅뱅으로 우주가 시작되었을 때 같은 양의 물질과 반물질이 생겨났다면 끊임없이 서로 충돌하고 소멸하면서 현재 남아 있는 입자들이 많지 않을 것이라는 의문이 들 수도 있다. 그러나 빅뱅에서 같은 양의 물질과 반물질이 생겨나지 않았고 물질이 반물질보다 더 많이 생성되었다.

앞에서 언급한 4가지 기본 힘 중에서 약력은 주로 원자핵의 방사성 붕괴와 같은 반응에 관여한다. 일반적인 입자 물리 실험에서는 전하와 대칭성이 모두 보존되지만, 약력과 관련된 일부 붕괴에서는 대칭성이 보존되지 않는다는 사실을 발견했다. 이 사실을 처음으로 밝힌 사람이 1957년 노벨 물리학상을 받은 양전닝Chen Ning Yang, 1922과 리정다오Tsung-Dao Lee, 1926 – 2024다. 방사성 붕괴에서 입자들이 갖는 전하와 대칭성은 보존되어야 하지만, 전하—대칭성이 보존 법칙을 위반하는 것을 CP 위반Charge Parity Violation, 전하 대칭 깨짐이라고 부른다. CP 위반을 통해서 빅뱅이 발생할 때 물질과 반물질의 대칭이 깨져서 그 비율이 서로 같지 않다는 것을 설명할 수 있다.

Learn more

- **양전자 방출 단층 촬영** Positron Emission Tomography, PET

방사성 붕괴 중에서 베타붕괴beta decay는 중성자가 양성자로 변하면서 전자와 반중성미자를 생성하는 현상이다. 반대로 양성자에 에너지를 가하면 중성자가 생성되면서 양전자와 중성미자가 생겨난다. 베타붕괴를 이용하여 만들어지는 양전자를 이용하면 인체에서 암을 검사할 수 있다. 또 심장 질환이나 뇌 질환도 검사할 수 있으며, 양전자를 이용한 단층 촬영을 양전자 방출 단층 촬영PET이라고 부른다.

• **디랙의 델타 함수**

디랙 델타 함수는 0을 포함하지 않는 모든 구간에 대하여 적분하면 0이 되고, 0을 포함하는 구간에 대해 적분하면 1이 되는 함수이다. 디랙 델타 함수는 '점 질량' 또는 원점에 집중된 신호를 해석하는 데 사용된다. 또한 디랙 델타 함수는 미분 방정식, 확률 분포 설명, 신호 처리 및 분석 등 다양한 분야에서 사용되고 있다.

$$\delta(x) = \begin{cases} \infty, & x = 0 \\ 0, & x \neq 0 \end{cases}$$

$$\int_{-\infty}^{\infty} \delta(x)dx = 1$$

박막 증착하기:
스퍼터링에 숨겨진 빅뱅

반도체 생산에는 여러 가지 단계가 있다. 처음 웨이퍼가 반도체 생산을 위해 투입되면 대략 2~3천 단계를 거쳐 최종 제품이 만들어진다. 대략 4주28일에서 5주35일 정도 걸리며 제품 성능에 따라 거치는 단계 수가 바뀌기도 한다. 이러한 단계는 반복적으로 이루어지는 공정들이 많이 있으며, 이 중에서 중요한 작업 중 하나인 박막 증착에 대해 살펴보자.

막 두께가 1㎛ 마이크로미터 또는 미크론 이하면 박막thin film, 두께가 1㎛ 이상에서는 후막thick film이라고 한다. 하지만 요즘은 두께에 상관없이 얇으면 박막이라고 부른다. 1980년대까지 '마이크로'는 아주 작다는 뜻으로 사용되었다. 1㎛는 머리카락 굵기의 약 100분의 1에 해당하고, 대략 세포의 크기와 비슷한 길이다. 하지만 현재는 반도체 소자들의 크기가 나노미터nanometer, nm로 작아지다 보니 '마이크로'는 상당히 긴 길이로 여겨지기도 한다. 이 같은 크기 기준의 변화는 전자 현미경의 변화를 통해서도 알 수 있다.

1990년대에만 해도 전자 현미경이라고 하면 주사 전자 현미경 Scanning Electron Microscope, SEM을 떠올렸다. 주사 전자 현미경으로 마이크로미터 정도의 크기를 식별할 수 있었다. 지금은 투과 전자 현미경 Transmission Electron Microscope, TEM이 주로 사용된다. 투과 전자 현미경은 나노미터까지 관찰할 수 있다. 최근에는 투과 전자 현미경으로 수소 원자를 관찰하기 위한 연구가 진행 중이다. 원자 크기를 관찰할 수 있는 주사 터널링 현미경 Scanning Tunneling Microscope, STM이 있지만 사용법이 어려워 보편화되지 않았다.

그 외에도 전에는 아주 짧은 시간 단위인 마이크로초 microsecond, μs, 10^{-6}초를 사용했다. 최근에는 나노초 nanosecond, ns, 10^{-9}초, 피코초 picosecond, ps, 10^{-12}초, 펨토초 femtosecond, fs, 10^{-15}초, 심지어 아토초 attosecond, as, 10^{-18}초가 사용되고 있다.

헤미 '마이크로'는 아주 작은 것을 의미하잖아. 미시세계 microworld, 미시경제 microeconomics, 마이크로프로세서 microprocessor처럼. 그런데 반도체에서는 '마이크로'를 작다는 의미로 사용하지 않는 것 같아.

보민 반도체가 처음 생산되던 시기에 '마이크로'는 아주 작은 크기를 의미했어. 마이크로미터 μm의 길이는 아주 짧은 것으로 여겼지. 1990년대만 해도 반도체에서 사용되던 금속 배선의 굵기가 수 마이크로미터 수준이었어. 하지만 나노 시대가 열리면서 반도체 크기는 더 작아졌지. 지금 만들어지고 있는 반도체 소자의 금속 배선 굵기는 나노미터 수준이야.

헤미 그러면 마이크로는 나노 입장에서는 엄청나게 크게 느껴지겠어. 공기 중에 있는 먼지가 사람 눈에는 작아 보여도 크기가 마이크로미터 정도 되잖아. 이런 먼지들이 반도체 만들 때 들어가면 걸림돌이 될 것 같은데.

보민 맞아. 먼지나 심지어 공기 중에 있는 수분도 반도체 제작에 방해가 되거든. 그래서 반도체는 청정실clean room이라는 곳에 제조 장비를 넣어 만들고 있어. 청정실은 공기 중에 먼지가 거의 없는 곳이야. 보통 규모가 작은 곳을 청정실, 규모가 커서 다양한 반도체 소자를 제조할 수 있는 곳을 팹fab이라고 해.

헤미 우주복처럼 생긴 옷을 입고 들어가는 곳이 청정실이야?

보민 맞아. 하얀색 또는 옅은 하늘색의 방진복을 입고 들어가. 방진복을 입으면 마치 토끼처럼 보인다고 해서 버니 슈트bunny suit라고 부르기도 해.

헤미 방진복이 몸에 나쁜 영향을 주는 거 아니야?

보민 방진복은 몸이나 옷으로부터 먼지가 팹으로 나오는 것을 막아줘. 사람 피부, 머리카락에는 아주 많은 먼지가 붙어 있어. 또 피부나 머리에서 기름같은 성분이 나오거든. 이런 것들을 막아주는 것이 방진복이야. 청정실 내부 공기는 아주 깨끗해서 먼지가 거의 없어. 마치 공기 청정기를 수백 대 가동한 것과 같아.

헤미 청정실에서 일하면 비염도 낫겠는걸.

보민 맞아. 비염이나 호흡기 질환이 개선되기도 해.

헤미 공기가 깨끗하면 좋을 것 같긴 한데, 습도가 낮을 것 같아. 그러면 정전기가 많이 생기지 않을까? 정전기는 전자기기의 최대 적이잖아. 반도체 장비들은 비싸고 아주 정교하다고 들었는데.

보민   습도를 낮추고 작업하는 것이 맞아. 또 네가 말한 대로 정전기가 발생하면 반도체 제조 장비에 안 좋은 영향을 주는 것도 사실이고. 그래서 방진복을 제조할 때 미세한 금속 전선을 넣어서 땅에 접지되도록 해. 방진복에 정전기가 생기는 것을 막아주는 거야.

얇은 박막을 물체 표면에 입히는 것은 쉬운 일이 아니다. 전기도금과 같이 용액에 물체를 담그고 전기화학을 이용하여 물체 표면에 얇은 막을 만들 수 있지만, 이 방법으로는 균일한 형태의 막을 만들기 어렵고 원하는 표면에만 막을 형성하기도 쉽지 않다. 더구나 전기화학을 이용하려면 용액과 반응하지 않는 물체의 표면에만 막을 형성할 수 있다. 그렇다면 원하는 물체에 쉽게 얇은 막을 형성하는 방법은 없을까?

원자로부터 전자의 일부가 이탈되어 이온화된 원자와, 이탈된 전자가 혼합되어 있는 것을 플라즈마라고 한다. 수소 원자의 경우 전자가 이탈되면 원자핵과 전자로 나누어지지만, 다른 원자들의 경우 플라즈마 상태에서 이온화된 원자와 이탈된 전자의 혼합물이 된다.

플라즈마는 이온화된 원자는 전기적으로 양성, 전자는 전기적으로 음성이어서 반응성이 아주 높다. 플라즈마는 빛을 전자들이 흡수하고 다시 방출한 후, 재흡수의 과정을 거치면서 빛을 통과시키지 않는다. 또한 외부에서 전압을 걸어주면 전압을 걸어준 방향으로 전자와 원자핵이 움직인다. 플라즈마를 이용하면 물질을 아주 작은 덩어리로 쪼갤 수 있다. 작게 쪼개진 물질을 원하는 기판 위로 이동시키면 얇은 막을 형성할 수 있지 않을까? 플라즈마는 현실과 동떨어진 아주 먼 옛날에만 존재했었던 것은 아니다. 지금도 우주에 퍼져 있는 수많은 별들의 대기를 구성하는 물질 중 하나이면서, 동시에 반도체 소자를 제조할 때뿐만 아니라 많은 과학 분야와 산업현장에서 사용되고 있다. 그럼 플라즈마를 이용한 박막 제조방법인 스퍼터링sputtering에 대해서 살펴보자.

스퍼터링은 체임버chamber[I] 안에 증착할 물질Target, 타깃, 표적을 설

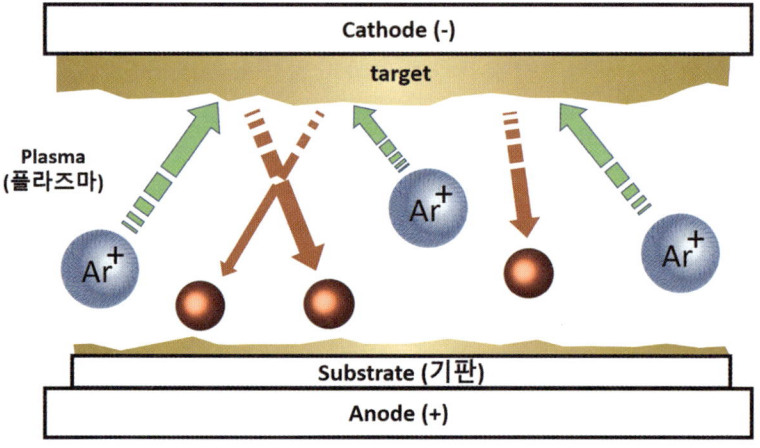

그림 1-16 스퍼터링을 이용한 증착 방법의 모식도. 증착하기 위해서는 우선 체임버 안에 플라즈마를 만들어주어야 한다.

[I] 내부가 비어 있고 밀폐된 용기나 공간을 의미한다. 보통 작은 방을 '체임버'라고 부른다. 체임버오케스트라(chamber orchestra)의 경우, 작은 방이나 작은 강당 규모의 공간을 채울 수 있는 사람들로 구성된 오케스트라를 의미한다. 체임버는 강당 정도의 크

치하고, 기판substrate을 체임버 내부에 놓은 후 플라즈마를 이용하여 타깃 물질을 기판 위에 증착하는 방법이다. 비활성기체를 이용하여 플라즈마를 만들 수 있어서 네온이나 아르곤과 같은 비활성기체를 사용하며, 스퍼터링의 경우 일반적으로 아르곤 플라즈마를 이용한다. 그림 1-16에 스퍼터링의 원리가 표현되어 있다. 아르곤이 플라즈마 상태가 되면 Ar^+와 전자로 분리된다. 타깃 방향으로 – 전압을 걸어 주면 Ar^+가 타깃방향으로 가속되면서 타깃과 충돌하며, 그 충격으로 타깃 물질이 표면으로부터 떨어져나와 기판 위에 증착된다. 그림 1-17은 스퍼터링으로 박막을 증착하기 위해서, 아르곤 플라즈마가 형성되었을 때의 모습이다. 스퍼터링을 이용하면 금속, 비금속, 반도체 물질 등 거의 모든 물질을 증착할 수 있으며, 증착 속도를 쉽게 조절할 수 있어서 산업체에서 많이 사용된다.

학교나 연구소에서 증착 설비를 이용하여 박막을 증착해본 사람들이 있을 것이다. 다양한 증착방법이 존재하고 여러 종류의 장비가 사용되다보니, 박막 증착법에 관한 편견이 사람들 사이에 존재한다. 다른 증착법에 비하여 사람들이 잘못된 편견을 많이 가진 증착법이 스퍼터링이다. 보통 대학 실험실에서 사용하는 스퍼터링 장비는 크기가 작고 가격은 대략 수천만 원 정도 한다[2]. 연구비가 충분하지 않

기부터 작은 상자 크기까지 다양하며, 막혀있고 내부에 비어있는 공간이 있으면 모두 체임버에 해당한다.

[2] 수천만 원이라면 비싼 가격으로 생각할 수도 있지만, 제품을 생산하는 제조설비 중에서는 상당히 싼 가격이다.

은 학교에서 고가의 스퍼터링 장비를 구매하기는 쉽지 않다. 저가의 스퍼터링 장비를 사용하다 보면 증착 가능한 기판 크기가 작고, 증착되는 박막의 두께도 상당히 불균일해서, 사용자가 원하는 형태의 박막 증착이 어렵다. 그래서 학교에서 스퍼터링 장비를 경험한 사람들은 스퍼터링 장비로 증착한 박막은 품질이 떨어진다는 편견을 갖고 있다.

그렇다면 '왜 반도체소자 제조사에서는 스퍼터링으로 박막을 증착할까?'라는 의구심이 생길 수도 있다. 반도체소자 제조사에서는 12인치 기판 위에 두께 오차 ~Å[3] 이내로 박막을 균일하게 증착하는 방법으로 스퍼터링 장비를 사용한다. 반도체 증착용 상용제품의 경우, 가격이 대략 수십억에 해당하는 제품들도 있다. 이런 제품의 경우 12인치 웨이퍼에 증착할 때 두께 편차가 대략 ~Å에 해당한다. 이 정도 편차로 12인치 기판 위에 균일한 박막을 증착할 수 있는 대표적인 방법이 스퍼터링이다.

박막의 품질을 평가하는 요소 중에서 가장 중요한 것은 막의 균일도, 즉 두께 편차와 박막의 밀도$_{density}$이다. 막의 균일도는 두께와 막의 표면 상태가 얼마나 일정한지를 측정하는 척도이다. 막을 균일하게 증착하기 위해서는 증착 속도나 증착 온도 등을 고려해야 한다. 또 다른 중요한 평가 요소인 밀도를 높이기 위해서는 증착 속도나 온도, 압력 등을 조절해야하지만, 막의 밀도를 높이기는 쉽지 않다.

---

3 10^{-10}m

우리가 생각하는 물질의 밀도는 부피가 상당히 큰 물체에서의 밀도이다. 박막과 같이 두께가 얇아지면 밀도가 작아지고, 박막의 밀도가 작아지면 박막의 강도hardness가 작아지거나 박막의 저항이 증가하게 된다. 따라서 박막의 막 밀도를 증가시키는 것은 소자 제작에 있어서 아주 중요한 일이다. 스퍼터링으로 증착된 막의 밀도는 높은 편이며, 스퍼터링 이외의 방법으로 증착된 박막의 경우 밀도가 대체로 낮다. 이런 이유로 반도체 소자를 제조할 때, 막 밀도를 높이기 위해서 스퍼터링을 사용한다. 반도체 소자를 작동시키면 많은 열이 발생한다. 반도체 소자가 많이 포함된 전자제품을 사용하다보면 기기가 따뜻해지는 것을 경험한 적이 있을 것이다. 우리는 옴의 법칙[4]을 잘 알고 있다. 박막의 밀도가 떨어지면 저항이 증가하여 줄 히팅[5]이 커지게 된다. 반도체 소자의 크기가 작아지면서, 반도체 칩에 들어있는 소자의 수가 기하급수적으로 증가했다. 그 결과 소자들을 연결한 전선의 길이도 증가하면서 줄 히팅으로 발생하는 열량은 늘어날 수밖에 없게 되었고, 발열로 내부 온도가 올라가면 도선의 저항은 더욱 증가하여 도선을 따라 흐르는 전류의 세기가 감소하게 된다. 발열 문제를 해결하려면 금속 박막의 막 밀도를 높여서 발열량을 낮춰줘야 한다. 결국, 소자 크기가 작아질수록 반도체회사들의 스퍼터링에 대한 의존은 더 커질 수밖에 없다.

---

[4] Ohm's law. I(전류)=V(전압)/R(저항).
[5] Joule heating (IR^2)

그림 1-17 체임버 내부에서 플라즈마가 형성되었을 때의 모습. 플라즈마가 형성되면 뿌연 안개가 생성된 것처럼 보인다.

Learn more

- **시간의 크기에 따른 물리 현상들**

  ~ ms   물질을 구성하는 원자 격자들과 원자핵 사이에서의 상호작용하는 시간.

  ~ μs ~ ms   물질에서 전자와 원자핵 사이에서 상호작용하는 시간.

  ~ ns   반도체 소자에서 전자가 움직이는 데 걸리는 시간.

  ~ ps ~ ns   원자에 있는 전자가 들뜬 상태에서 원래의 상태로 돌아오는 시간.

~ fs ~ ps   원자에 있는 전자가 들뜨면서 스핀이 원래의 상태로 돌아오는 시간.

~ at ~ fs   강자성체에서 전자스핀이 움직이는 시간.

• 박막 증착 방법

물리적인 원리를 이용한 물리기상증착법 Physical Vapor Deposition, PVD과 화학적 원리를 이용한 화학기상증착법 Chemical Vapor Deposition, CVD으로 분류한다. 대표적인 PVD방법으로 스퍼터링이 많이 사용되고, CVD의 경우, 반응온도를 올려서 화학반응이 쉽게 일어나도록 만들어 주는 Thermal CVD TCVD와 낮은 온도에서도 플라즈마를 이용하여 증착하는 Plasma Enhanced CVD PECVD를 많이 사용한다. 플라즈마를 이용한 박막 증착법은 스퍼터링과 PECVD가 있다. 박막을 증착하는 방법 중에서 결정성이 아주 좋은 박막을 증착하는 방법으로 분자선 결정 성장 시스템 Molecular Beam Epitaxy, MBE과 펄스레이저 증착법 Pulsed Laser Deposition, PLD이 있다.

표준측정단위 및 시간

초기 인류는 모여 살면서 공동체를 형성하였고, 공동체 내에서 필요한 물건을 자급자족하면서 살았다. 공동체의 규모가 커지면서 국가가 출현하였다. 이후 넓어진 영토 안에서 물자를 유통하는 교역이 등장했고, 의사소통을 원활하게 하려면 다양한 형태의 글자를 통일할 필요가 있었다.

도량형을 처음으로 통일한 시기는 중국이 하나의 왕조로 통일된 진나라 때였다. 진시황 Qin Shi Huang, BC 259 - BC 210이 도량형을 하나의 기준으로 통일한 목적은 세금 징수를 효율적으로 하기 위해서였다. 정해진 조세를 징수하기 위해서 도량형을 통일시켜야 과도한 징수를 피할 수 있었다. 이때 다양하게 존재하던 서체를 하나로 만들어서 국가 내에서의 의사소통을 원활하게 하려고도 했다. 물론, 분서갱유와 같이 과장된 이야기도 전해져 오고 있지만 그 진위는 정확하게 밝혀지지 않았다.

측정을 위한 단위들은 고대 문명에서 고안되었다. 고대 이집트인들이 길이를 측정할 때 큐빗을 사용했고, 그리스인들은 스타디아, 로마인들은 사람의 발을 사용했다. 하지만 이런 단위들이 통일, 즉 표준화가 되지 않았고 지방마다 또는 시대마다 조금씩 다르다보니 표준화되지 못한 측정 단위로 인하여 교역에서 혼란이 생기거나, 비효율적인 교역 활동이 초래되기도 했었다.

표준화 역사에서 가장 중요한 이정표는 프랑스대혁명 기간에 이루어진 도량형의 표준화작업이었다. 1799년 도입된 미터법은 미터 길이, 킬로그램 질량, 초 시간 등 자연에서 유래한 기본 단위를 기반으로 한다. 이 시스템은 전 세계의 과학,

산업, 상거래에 혁명을 일으킨 보편적인 측정의 틀을 제공했다. 미터법의 성공을 바탕으로 1960년 국제 단위계SI가 현대적 측정 표준으로 확립되었다. SI는 미터, 킬로그램, 초, 암페어, 켈빈, 몰, 칸델라 등 7가지 기본 단위를 정의하며 이 단위에서 다른 모든 단위가 파생되었다.

먼저 시간 단위가 어떻게 생겨났는지 살펴보자. 사람들은 시간을 측정하기보다는 날짜나 계절의 변화를 측정하려고 했다. 이렇게 해서 만들어진 것이 달력calendar이다. 하루의 길이는 해가 뜨고 졌다가 다시 떠 오를 때까지를 기준으로 했다. 그렇다면 계절이나 일 년은 어떻게 정했을까? 자연에 있는 대상, 즉 태양과 달을 이용하여 일 년을 정했다. 고대 수메르, 바빌론, 중국에서 달의 형태 변화를 기반으로 한 달력을 사용하였고, 이것을 음력 달력이라고 부른다.

해를 기준으로 하는 달력에 비하면 일 년에 해당하는 날의 수가 적다는 단점이 있지만, 농사에 적합하여 고대에서 많이 사용되었다.

달의 움직임에 기반한 음력 외에도 태양의 움직임을 기반으로 한 달력인 양력을 사용하기도 했었다. 가장 초기의 태양력은 이집트에서 만들어졌다. 고대 이집트인들은 하루를 24시간으로 나누었고, 낮과 밤을 각각 12시간으로 구분했다. 여기에 바빌론 사람들의 60진법을 시간에 도입하여 한 시간을 60분, 그리고 1분을 60초로 나누었다. 나일강의 범람을 기준으로 삼아 일 년을 12개월, 각각 한 달을 30일로 구성하였으며, 연말에 5일을 추가하여 일 년을 365일로 정하였다.

하지만 지구의 공전 궤도는 완벽한 원이 아닌 타원형이다. 결과적으로 지구의 공전 속도는 일 년 내내 변할 수밖에 없다. 지구가 태양에 가까우면 빠르게 움직이고 태양으로부터 멀어지면 천천히 움직인다.* 또한 지구의 자전축이 23.5도 기울어진 것으로 알고 있지만 지구의 자전축은 고정되어 있지 않고, 주기적으로 움직이고 있으며 결과적으로 하루의 길이가 조금씩 변한다. 여기에 다른 천체와 지구와의 상호작용, 즉 중력의 변화로 지구의 궤도가 바뀌기도 한다. 이런 이유에서 일 년은 정확하게 365일이 아닌 약 365.2422일에 해당하며 약 4년이 지나면 하루 정도의 시간이 남게 된다. 그래서 기원전 45년 율리우스 카이사르 Gaius Julius Caesar, BC 100 - BC 44가 4년마다 2월에 하루를 더 추가하는 표준화된 윤년 제도를 도입하였고 이것을 율리우스력으로 부른다. 4년마다 하루를 추가한다면 4년마다 0.0312일이 달력에 추가된다. 즉, 0.2422일×4=0.9688일이 되지만, 달력에는 1일이 추가됨에 따라 실제 정확한

* 케플러의 법칙

날수보다 0.0312일이 많아졌다. 천년이 흐르면 결과적으로 7.8일이 많아지게 된다.

이런 문제를 1582년 교황 그레고리 13세 Pope Gregory XIII, 1502 - 1585가 고치기 위해, 2월에 1일을 추가하는 윤달의 회수를 400년에 97일로 줄인다. 이를 위해 4년마다 윤달을 두고 100의 배수가 되는 해에는 윤달에서 제외하며, 400의 배수가 되는 해에는 윤달을 다시 도입해야 결과적으로 400년 동안 윤달이 총 97일이다 100 - 4 + 1 = 97. 이렇게 새로운 윤달시스템을 도입한 것을 그레고리력이라고 부른다.

이렇게 만들어진 달력을 통해 날짜를 셀 수 있었다. 그런데 더욱 짧은 시간 단위인 시간과 분, 그리고 초는 하루의 시간을 나누는 형태로 이루어졌지만, 현대에는 국제 표준 기구에서 원자 현상을 기반으로 하여 시간 단위인 초 second를 정하였다. 세슘 Cs 원자에서 마이크로파의 흡수 방출이 9,192,631,770번 일어나는 시간을 '초'로 정했다. 세슘 원자의 흡수 방출 주파수를 Δv_{Cs} 라고 하면, 1초는 다음과 같다.

$$1초(s) = \frac{9,192,631,770}{\Delta v_{Cs}}$$

2부

원자부터 반도체까지

일반적으로 비싸거나 흔하지 않은 것을 두고 '가치있다'고 말한다. 대표적인 물질이 금이다. 금은 비싸고 흔하지 않으면서도 시간과 환경이 바뀌어도 가치가 변하지 않는다. 경기가 불안정해지면 안전 자산인 금에 대한 수요가 늘면서 금값도 올라간다. 그렇다면 예전에도 금을 지금처럼 귀중하게 여겼을까?

　석기시대에서 철기시대로 넘어오는 시점에서 '금'은 쓸모없는 물질이었다. 색이 변하지 않고 늘 노란빛을 띠며, 자연 상태에서 덩어리로 발견되어 따로 제련[1]할 필요가 없어서 채굴하기 쉬운 금속이었지만, 쉽게 구부러지고 단단하지 않아 사용할 곳이 거의 없었다. 이런 특성 때문에 장신구들도 금이 아닌 구리나 청동으로 제작되었다. 당시 철이나 구리는 귀중한 대접을 받았지만 금은 귀중한 물질이 아

---

[1] 암석에서 금속을 추출하는 것을 제련이라 하고, 암석으로부터 철을 추출하는 것을 제철이라고 한다.

- 철기시대 초기 -

니었다. 사람들의 관심사는 얼마나 많은 양의 철을 확보할 수 있는가였다. 물론 시대적 변화와 함께 금도 장신구로 사용되기 시작하면서 금을 바라보는 사람들의 시각도 점점 바뀌게 되었다. 이후 금을 화폐로 사용하면서 금은 극진한 대접을 받게 되었다.

금의 가치가 높아지자 싼값으로 금을 만들려는 연금술에 관한 관심이 전 세계적으로 폭발했다. 고대 이집트를 시작으로 메소포타미아, 인도, 유럽 등 대부분 지역에서 비교적 흔하고 싼 황이나 납을 이용하여 값비싼 금을 만들려는 시도가 있었다. 연금술은 원소들이 서로 바뀔 수 있다는 원소 순환설에 기반하고 있다. 황이나 납과 같은 원소가 금이라는 원소로 바뀔 수 있어서 물질의 본질이 변치 않는다는 현대의 원자론과는 거리가 멀었다.

물론 오늘날에는 핵융합으로 원자를 바꾸는 것이 가능해졌지만, 금이 만들어지려면 초신성의 폭발과 같은 엄청난 조건에서만 가능하고, 우리의 일상에서는 원소가 변하는 일이 거의 일어나지 않는다는 것도 알고 있다. 과학의 비약적인 발달로 말미암아 이제는 물질을 구성하는 원자에 대해 많이 알려져서, 연금술을 마법이나 동화에 나오는 이야기로 치부하지만, 고대에서 중세에 이르기까지 많은 사람이 연금술을 믿었다. 심지어 뉴턴조차 인생 말년에 연금술에 빠져 있었다.

연금술은 허무맹랑한 이야기로 많은 사람을 현혹하였지만, 종국

- 중세시대 -

에는 연금술로 금을 만들지는 못했다. 다만 연금술을 연구하는 동안 화학 분야에서 엄청난 발전이 이루어졌다.

연금술에 대한 흔적은 소설 《해리포터》에도 남아 있다. 해리포터 시리즈 1권의 제목 《해리포터와 마법사의 돌》의 원제목은 '해리포터와 철학자의 돌' Harry Potter and the Philosopher's stone이다. 여기에서 철학자의 돌은 연금술에서 오랫동안 존재할 것으로 생각했던 물건을 뜻한다. 철학자의 돌을 통해 불로장생약을 만들 수 있다는 믿음이 연금술사들 사이에서 전해 내려왔다. 이렇듯 문화에도 연금술의 흔적들이 곳곳에 남아 있다.

신대륙을 찾아 나선 사람들이 아메리카 대륙에서 백금을 발견할 때까지 백금은 유럽에서 알려지지 않은 원소였다. 유럽의 광산에서도 백금이 채굴되기는 했지만 양이 적어 사람들이 잘 몰랐다. 백금도 금처럼 자연 상태에서 덩어리로 발견되기도 했지만 금을 정제하는 과정에서 금과는 다른 흰색을 띠는 물질로 알려지면서 연구가 시작되었다. 백금 이외에도 금을 정제하는 과정 중에 발견된 원소로는 팔라듐Pd이 있다.

전기를 발견한 후, 사람들은 전기가 흐르는 물질을 '도체'라고 불렀다. 도체인 금속으로 전선을 만들어서 전기를 보내거나 전보를 보내어 먼 지역간에 소식을 전하는 것이 가능해졌다. 그러면서 자연스럽게 온도의 변화에 따른 금속의 전기적 성질을 관찰하게 되었다.

금속은 온도가 낮아지면, 저항비저항이 낮아진다. 당시 극저온으로 온도를 낮추는 기술이 개발되지 않아서 저온에서 저항 측정하는 연구는 많이 이루어지지 못했다. 20세기에 들어 헬륨을 액화시키는 기술이 발달하면서 극저온에서 저항 측정 실험이 이루어졌다. 이런 과정을 통해서 기존에 생각하지 못했던 저항이 0이 되는 초전도 현상이 발견되었다.

이야기의 시작이 금이었지만 우리 주변의 모든 물질은 여러 가지 원소로 구성되어 있다. 물질을 구성하는 원소들의 역사를 살펴보자. 고대 그리스에서 시작된 원소에 관한 이론들은 후에 현대적인 원자론이 등장할 때까지 인류에 적지 않은 영향을 끼쳤다. 고대 그리스의 원소론은[2] 정량적인 측면에서 제기되었다기보다는 정성적인 측면에서 사물을 설명하는 방법으로 사용되었다.

예를 들어, 4원소론은 엠페도클레스Empedocles, BC 490 – BC 430, 플라톤Plato, BC 424 – BC 348, 아리스토텔레스Aristotle, BC 384 – BC 322를 비롯한 여러 사람에 의해 제기되었고, 대체로 물, 불, 흙, 공기로 물질이 이루어졌다는 내용이다. 4원소론에는 물질의 성질, 사회의 현상을 설명하려던 고대 그리스인들의 생각이 담겨 있다. 본질을 추구하려던 플라톤의 철학사상을 잘 반영했다고 볼 수 있지만, 물질의 특성을 설명하려면 정성적인 설명뿐만 아니라 정량적인 설명도 필요했

---

[2] 고대 그리스에서 물질을 이루는 기본적인 것을 원소(element)라고 불렀다. '기초'라는 뜻의 영어단어 elementary가 원소와 연관되어 있다. 물질을 이루는 가장 기본을 원소라고 생각했다.

다. 그 결과 정성적이면서 정량적 설명이 가능한 현대 원자론이 등장했다. 이번 장에서는 현대 원자론에 대해 자세히 살펴보자.

원자는
어떻게 생겼을까?

아리스토텔레스는 물질은 연속적이어서 계속 쪼갤 수 있고, 무한히 쪼개면 없어지며 물질 안에 빈 곳이 존재하지 않는다고 주장했다. 반면, 데모크리토스 Democritus, BC 460 – BC 380는 물질을 쪼개면 더 이상 쪼갤 수 없는 입자가 있으며 이 입자들 사이에는 빈 곳이 존재한다고 믿었다.

헤미 우리가 배우는 원자론의 시초는 데모크리토스가 사용한 원자 개념이야. 이것을 그 당시 사람들은 왜 지지하지 않았을까?

보민 당시 사람들은 '빈 공간', 다시 말해, 아무것도 없는 공간을 받아들일 수 없었어.

헤미 고대 그리스인들은 물질이 무한히 쪼개진다고 믿은 거야?

보민 응. 물질을 이루는 기본 단위가 있다면 그 기본 단위와 기본 단위 사이에는 공간이 생길 수밖에 없거든. 고대 그리스인들은 공간, 텅 비어있는 '무'라는 개념을 받아들일 수 없었어.

헤미 기본 단위가 구가 아닌 정육면체처럼 생기면 빈틈이 안 생길 수도 있잖아?

보민 정육면체처럼 생겨도 기본 단위들을 섞을 때 공간이 생길 수밖에 없어. 물질을 만들 때 기본 단위들이 반드시 규칙적으로 채워지지는 않거든.

헤미 그렇다면 물질을 무한하게 쪼갤 수는 없는 걸까?

보민 물질의 질량이 1이라고 생각해 보자. 이것을 만 등분하면 1/10,000이 되고, 일억 등분하면 1/100,000,000이 돼. 만약 무한히 쪼개지고, 기본입자가 없다면 물질은 질량이 없는 것들로 쪼개질 거야. 하지만 질량이 없는 것을 무한반복해서 더한다고 질량이 생기지는 않아. 0을 무한히 더한다고 값이 생기지는 않거든. 그냥 0일뿐이야. 0이 아닌 아주 작은 값이라면 그 값들을 더하면 질량이 생길 수 있어. 그렇지만 그 작은 값을 무한히 더 잘게 쪼갠다면 결국 질량이 없어지게 되지.

아리스토텔레스의 이론은 중세까지 서구 문명에서 막강한 영향력을 행사했다. 중세까지 사람들이 땅이 평평하다는 생각에서 벗어나지 못한 것만 봐도 그의 영향력이 얼마나 컸는지 알 수 있다. 연금술에 대한 노력 덕분에 물질에 대한 이해에서 많은 발전이 이루어졌고, 이러한 발전 속에 현대의 원자론이 생겨났다. 그렇다면 현대의 원자론은 누구로부터 시작되었을까?

돌턴John Dalton, 1766 – 1844은 모든 물질은 더 이상 나눌 수 없는 가장 작은 입자인 원자로 이루어져 있으며, 원자는 더 이상 쪼개지지 않는다는 원자론을 주장했다.[1] 돌턴, 라부아지에Antoine-Laurent de Lavoisier, 1743 – 1794[2]를 비롯한 많은 과학자의 노력으로 원자론에 힘이 실리면서 물질을 구성하는 가장 작은 단위인 '원자'가 있다고 믿게 되었다. 그렇다면 원자는 어떤 모습형태일까? 이 질문 앞에서 과학자들은 다시 높은 벽에 부딪히게 되었다.

볼타전지가 발명된 후 물의 전기분해 방법이 개발되었다. 물에 전해질을 약간 넣은 후 전기분해하면 양극에서는 산소가 발생하고 음극에서는 수소가 발생한다. 물속에서 양이온은 음극으로, 음이온은 양극으로 이동한다. 그렇다면 원자도 이온처럼 전기를 띤 물체로 이루어졌을까? 이 질문에 답하기 전, 19세기로 이동해 보자. 발머Johann Jakob Balmer, 1825 – 1898[3]가 수소의 방출스펙트럼을 측정하였다. 방출스펙트럼은 선의 형태를 띠고 있었다. 이것을 설명하는 과정 중에 원자에 관한 과학적인 연구가 시작되었다.

중학교 시절 금속의 불꽃반응 실험을 직접 해 보았거나 들어본 경험이 있을 것이다. 금속 원소가 포함된 시약을 불꽃에 넣으면 금속

---

[1] 이후, 원자는 원자핵과 전자로 이루어졌고, 원자핵은 양성자와 중성자로 구성되어있으며 양성자와 중성자는 쿼크로 이루어졌다는 것이 확인되어, 돌턴의 원자론은 폐기되었다. 하지만 돌턴의 원자론은 현대 과학의 발전에 공헌했다.

[2] 근대 화학의 아버지로 불린다. 약 33종의 원소를 분리해냈으며, 질량보존의 법칙을 발견하였다. 그의 대표적인 업적으로, 물이 산소와 수소로 이루어졌으며 물에서 산소와 수소를 분리했다.

[3] 수소의 방출스펙트럼 중에서 발머계열을 발견했다. 발머계열은 자외선과 가시광선 영역에서의 선스펙트럼이다.

특유의 색이 나타난다. 예를 들면 나트륨은 노란색, 리튬은 붉은색, 칼슘은 주황색, 구리는 청록색 빛을 방출한다. 여러 종류의 빛을 방출할 경우 눈으로 확인할 수 없어서, 분광기spectrometer를 사용하면 방출되는 빛을 확인할 수 있다. 금속 원소 이외에 비금속원소도 진공 상태나 반응할 수 있는 기체가 없는 조건에서 가열하면 빛을 방출하며, 수소의 경우 붉은색의 빛을 방출한다. 수소의 붉은색 빛을 분광기로 분석하면 선스펙트럼을 관찰할 수 있다그림 2-1(a).

백열등이나 고온의 별빛을 관찰하면 연속스펙트럼그림 2-1(b)이 관찰된다. 고온의 별빛이 차가운 기체를 통과하면, 특정 빛들이 흡수되며 흡수스펙트럼그림 2-1(c)을 얻게 된다.

수소의 방출스펙트럼은 가시광선 이외에 자외선과 적외선 영역에서도 나타나며 자외선 영역에서는 라이먼계열, 적외선 영역에서는 파셴계열이라고 불린다. 수소의 방출스펙트럼이 알려진 후 이 현

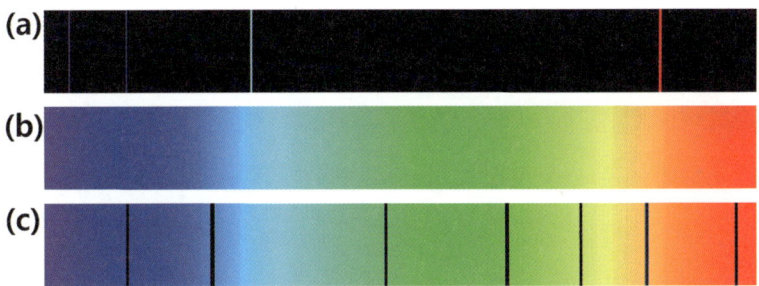

그림 2-1 (a) 가시광선 영역에서 수소의 방출스펙트럼. 왼쪽은 보라, 오른쪽은 빨강, 4개의 선이 보인다. 이런 형태를 방출스펙트럼 또는 선스펙트럼이라고 부른다. (b) 연속스펙트럼. 모든 빛이 발생하는 발광원에서 보이는 형태. (c) 흡수스펙트럼의 형태.

상을 설명할 이론이 필요했다. 왜 선스펙트럼은 이런 형태일까? 혹시 수소 원자의 구조와 관련이 있는 것은 아닐까? 물론, 과학자 리드버그Johannes Robert Rydberg, 1854 – 1919는 수식을 이용하여 수소의 선스펙트럼을 설명한 리드버그 공식을 발표하였고, 리드버그 공식으로 수소의 방출스펙트럼에서 선의 위치를 계산할 수 있었지만 수소의 선스펙트럼이 나타나는 원인을 알아내지 못했다. 리드버그 공식은 다음과 같다.

$$\frac{1}{\lambda} = R_H \left(\frac{1}{n_1^2} - \frac{1}{n_2^2} \right)$$

위 식에서 λ는 방출된 빛의 파장, R_H는 리드버그 상수(1.096775× 10^7/m), n_1, n_2는 각각의 상태이며 빛이 방출되려면 $n_2 > n_1$이어야 한다. 수소의 방출스펙트럼을 설명하기 위해서는, 수소 원자 구조의 이해가 선행되어야했다. 이를 위해서 많은 과학자들이 다양한 실험을 했다. 대표적인 예로서 진공관 실험을 살펴보겠다.

그림 2-2는 진공관의 모습이다. 진공 상태의 유리관 안에 양극과 음극이 있다. 톰슨Joseph John Thomson, 1856 – 1940이 전극에 고전압을 걸어주면서 진공관 실험을 할 때, 마치 음극에서 양극을 향해 무엇인가 움직이는 것처럼 보였다. 양극 가운데 구멍을 만들어 음극에서 나오는 무엇인가가 유리와 부딪치면 형광에 의해 빛이 나오기도 했다. 그렇다면 음극으로부터 방출되는 물질이 정말 있는 것일까? 아니면 착시로 그렇게 보이는 것일까? 혹은 빛이 양극에서 발생하는

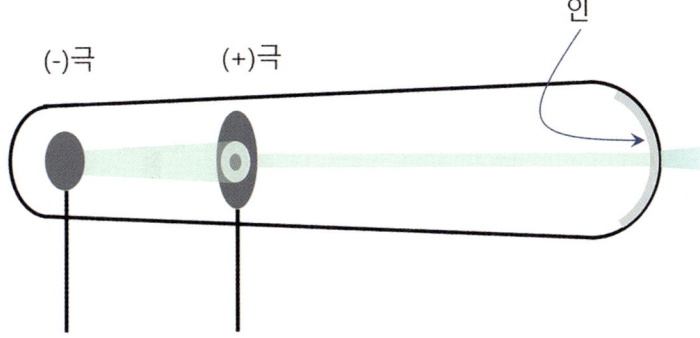

그림 2-2 유리로 된 용기 안을 진공으로 만들고, 두 개의 전극을 만들어 음극(-)과 양극(+)에 전압을 걸어준다. 그러면 음극에서 양극 방향으로 음극선이 방출된다. 음극선이 인과 부딪히면 밝게 빛났다.

것이 아닐까? 여러 가지 궁금증이 있었지만, 톰슨은 양극의 크기를 줄인 후 양극 뒤편 유리관 안쪽에 인$_{phosphorus}$을 칠한 후 같은 실험을 계속하였고, 진공관 실험을 진행하는 동안 인에서 빛이 방출되는 것을 관찰하였다. 그렇다면 음극으로부터 방출된 물질이 양극 뒤편에 있는 인과 충돌하여 빛을 방출한 것이 분명하다. 음극에서 빛처럼 직진하는 것이 발생하여 이것을 음극선이라고 불렀다.

이번에는 음극에서 나오는 물질이 직진하는지를 알아보기 위해 유리관 안에 십자 형태의 전극을 설치하고 실험해 보았다. 그 결과 양극 뒤편 유리관에 십자 형태에서만 그림자가 생겼다.

음극에서 방출되는 물질이 질량을 가지고 있는지를 확인하기 위해 진공관 안에 바람개비를 설치하였다. 만약 이 물질이 질량을 가

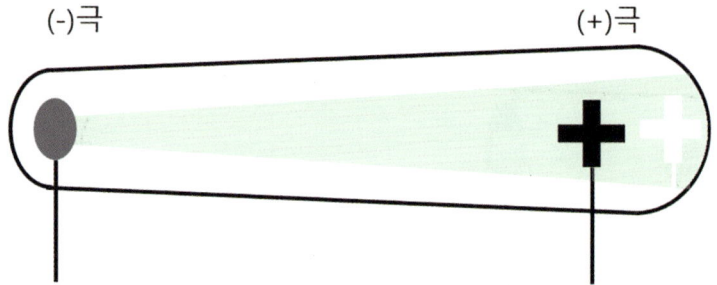

그림 2-3 전극을 십자 형태로 만들면 뒤편에 십자 그림자가 생긴다.

진 입자라면, 바람개비와 충돌할 때 운동량이 전달되어 바람개비를 회전시킬 수 있을 것이다. 실험 결과, 바람개비가 실제로 회전하는 것이 관찰되었고, 이를 통해 음극에서 방출되는 물질이 질량을 가진 입자임을 확인할 수 있었다.

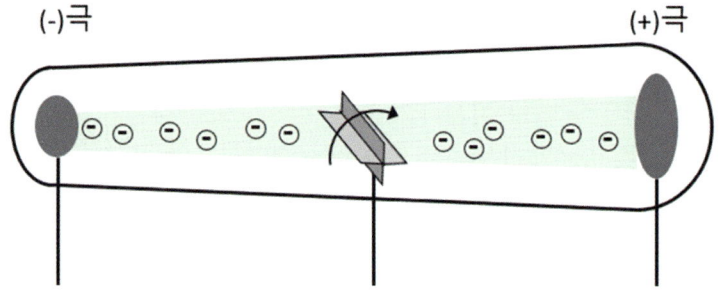

그림 2-4 전극 사이에 바람개비를 놓았을 때 바람개비가 회전한다. 음극에서 나오는 것에 운동량이 있으므로 질량을 가진 입자라는 것을 알 수 있다.

그림 2-5에서처럼, 유리관 안에 두 개의 전기 기판을 추가로 삽입하여 두 기판 사이에 전기장전압을 발생시키고, 이 사이를 음극선이 통과하게 하면, 음극선은 –에서는 멀어지고 +쪽으로 휘어진다. 이 실험을 통해 음극에서 나오는 물질은 –전기를 띠면서 질량이 있다는 것을 알게 되었고 이것을 '전자'라고 부른다.

진공관 실험에서 음극은 금속으로 만들어졌고 금속 원자에 '전자'가 있다. 원자는 전기적으로 중성이어야 하므로 우리가 주위 물질을 만져도 감전되는 일은 거의 없다. 물질을 구성하는 원자들도 전기적으로는 중성이어야 한다, 원자는 전기적으로 마이너스인 전자와 전기적으로 플러스를 띠는 무언가나중에 핵이라고 부름로 구성되었다고 생각하게 되었다.

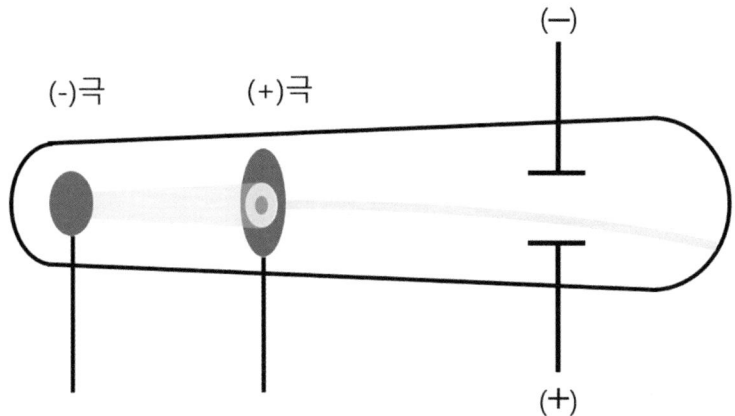

그림 2-5 음극선이 유리관에 삽입된 두 개의 기판에서 발생하는 전기장을 통과할 때, +방향으로 휜다. 이것을 통해 음극선이 전기적으로 음성임을 알 수 있다.

헤미 모든 물질에 '−'전압을 인가하면 전자가 밖으로 나올 수 있어?

보민 금속의 경우 '−'를 걸면 전자가 밖으로 방출돼. 금속 이외의 물질에서는 잘 일어나지 않아.

헤미 그럼 안테나에 '−'를 걸면 전자가 튀어나오겠다. 그렇지?

보민 맞아. 테슬라가 했던 것이 그런 거야. 과학관 등에서도 비슷한 형태를 관람하도록 시연하고 있어.

헤미 그렇다면 금속에 '+'를 가하면 핵이 밖으로 방출될 수 있을까?

보민 그렇지는 않아. 유리관 실험에서 음극에는 '−'가 걸렸고, 양극에는 '+'가 걸렸어. 핵이 전자보다 훨씬 무거워. 음극선에 대응하는 양극선을 확인하기 위해 양극에 '+'를 인가하는 실험이 있었지만, 양극선은 관찰되지 않았어. 그러다 유리관 안에 약간의 수소를 넣어준 상태에서 전극에 전기를 걸어줄 때 음극으로 수소 원자핵이 움직이는 것을 관찰했어. 음극에서 나온 전자가 수소와 충돌하면서 수소 원자핵이 생성된 후 전기적으로 양성(+)인 수소 원자핵이 음극으로 이동하는 거였어. 이것을 양극선이라고 불렀지. 결과적으로 양극선은 수소 원자핵이므로 양성자라고 생각하면 돼. 양극선이 발견되었을 때 그것을 양성자라고 생각하지 못했어. 러더퍼드 Ernest Rutherford, 1871 – 1937가 알파입자 산란실험으로 양성자의 존재를 알게 되었을 때 비로소 양극선을 양성자로 이해하게 되었고, 전자와 양성자의 발견으로 원자가 어떻게 생겼는지에 대해 더 면밀한 모델을 만들게 되었어.

헤미 원자핵은 양성자로만 이루어진 거야?

보민 수소핵은 양성자로만 구성되어있어. 하지만 중수소와 삼중수소는 양성자와 중성자로 이루어져 있어. 일반적으로 원자핵은 양성자와 중성자로 구성되어있어. 전기를 띠는 양성자와 달리, 중성자는 전기를 띠지 않아. 중성자는 채드윅[4]이 발견했어.

헤미 원자핵에 양성자들이 있으면 양성자 사이에는 척력이 작용해서 원자핵은 불안정할 것 같은데...

보민 원자핵을 구성하는 양성자들 사이에서는 핵력이 작용해. 핵력은 전자기력보다 훨씬 강해. 핵력 덕분에 양성자들이 원자핵에서 안정할 수 있어.

진공관 실험으로 전자를 발견한 후, 톰슨은 원자가 전기적으로 중성이므로 전자에 상응하는 전기적으로 양성인 양전하가 존재해야 한다고 생각했다. 하지만 수소 이외에는 양극선이 발견되지 않아서, 양전하는 전자보다 질량이 크며 움직이지 않는 것으로 생각했다. 전자의 발견은 많은 과학자로부터 주목받았고, 전자의 질량을 계산하려는 여러 과학자의 고군분투 끝에 전자의 질량이 원자 질량보다 상당히 작으며, 대략 수소 원자의 2,000분의 1 정도라는 것을 알아냈다.

톰슨의 원자 모델을 톰슨 모델이라고 부른다. 톰슨 모델에서 원자의 표면에 전자가 군데군데 있고, 나머지는 전기적으로 양성인 물질들 아직 양성자가 알려지지 않았던 시기이 퍼져 있다. 마치 블루베리가 박힌 머핀처럼 전자와 양전하가 섞여 있으며, 전자는 움직일 수 있지만

---

[4] 제임스 채드윅 (James Chadwick, 1891 - 1974). 중성자를 발견한 영국의 물리학자.

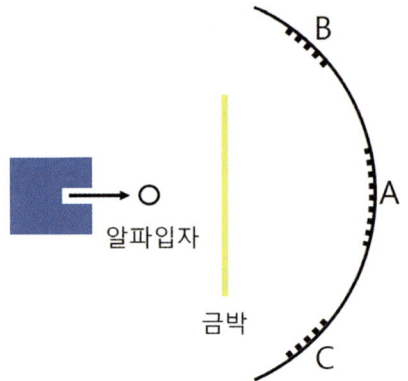

그림 2-6 알파입자 대부분이 A 위치에 도달하지만 일부는 B와 C에서 발견된다.

양전하는 움직이지 않아 이 모델을 자두푸딩모델plum pudding model 로 부르기도 한다. 비록 톰슨이 전자를 이용한 톰슨모델을 발표하였지만 이 모델로 원자를 제대로 설명할 수는 없었다.

이후 러더퍼드는 방사성 물질에서 방출하는 알파입자를 이용하여 금박gold foil[5]에 알파입자를 충돌시키는 산란실험[6]을 진행하였다. 실험 결과 대부분의 알파입자는 금박의 바로 뒷부분인 그림 2-6의 A 부근에 도달했지만, 일부는 중심부에서 떨어진 B, C 위치로 산란되는 것을 발견했다. 산란한다는 것은 무거운 것과 충돌하는 것을 의미하며, 알파입자와 전기적으로 똑같은 성질을 띠고 있을 것으로 생각했다. 이를 통해 금 원자의 중앙에 '+'를 띤 입자가 있음을 확인했

---

5 금은 연성과 전성이 뛰어나서 금 원자 2~3개 정도의 얇은 박막을 만들 수 있다.
6 Scattering. 빛이나 입자를 충돌시켜서 물질의 성질을 확인하는 실험

고 이것을 핵이라고 부르게 되었다.

러더퍼드는 원자가 전자와 핵으로 이루어져 있으며 원자는 대부분이 비어 있고, 핵은 원자 중앙에 있으며 전자는 그 주위를 돌고 있다는 러더퍼드 모델을 발표했다. 러더퍼드 모델은 톰슨 모델에서 설명하지 못한 원자핵을 설명했고, 원자의 대부분이 비어있다는 것을 보여주는 모델이었지만, 원자를 완벽하게 설명하기에는 한계가 있었다.

전자기학에 따르면 전기를 띤 물체가 가속운동을 하면 전자기파를 방출하게 되며, 이로 인하여 에너지를 잃게 된다. 전자는 전기를 띠고 있어서 원자 내부에서 핵 주위를 원운동하면 계속해서 전자기파를 방출한다. 결과적으로 전자는 에너지를 잃고 회전 속도가 느려

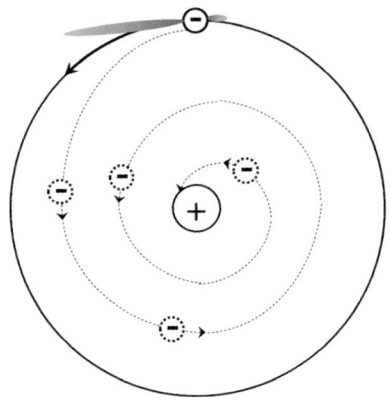

그림 2-7 러더퍼드 모델. 중앙의 핵 주위를 전자가 돌고 있다. 전하를 띤 물체가 가속도운동(원운동에서는 가속도운동)을 하면 전자기파를 방출하게 되며, 결과적으로 전자는 에너지를 잃고 핵에 충돌하게 된다.

지면서 핵으로 끌려가게 되며, 마침내 핵과 충돌하게 된다. 이런 상황에서는 안정한 원자가 존재할 수 없다. 러더퍼드는 핵의 존재를 밝혀냈지만 그의 모델로는 안정한 원자구조를 설명할 수 없었다.

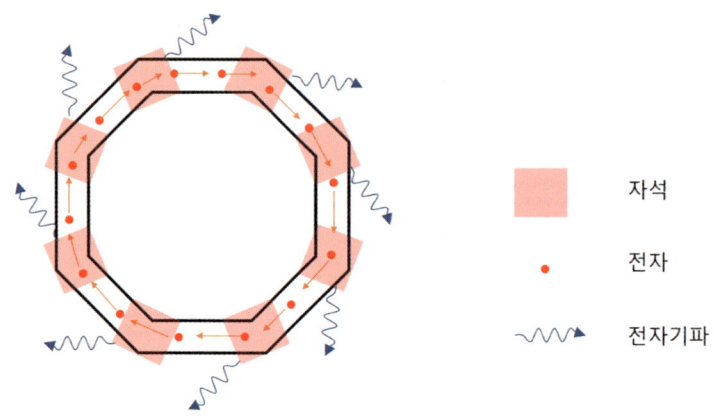

그림 2-8 방사광가속기 안의 링 내부에서 전자가 움직일 때 방사되는 전자기파의 개략도. 전자가 자석 부근을 지날 때 방향이 바뀌면서 전자기파가 발생한다. 전자기파의 파장을 변화시키려면 자석의 배열을 바꾸면 된다.

여기서 잠깐, 원자 구조에서 관점을 바꾸어 보자. 만약 러더퍼드 모델에서 원자핵 주위를 도는 전자들이 에너지를 보충받으면서 회전한다면 전자기파를 주기적으로 방출할 수 있을까? 전자가 전자기파를 방출하여 에너지를 잃게 될 때 다시 에너지를 보충받는다면, 비슷한 에너지의 전자기파를 다시 방출할 수 있지 않을까? 이것을 응용한 과학시설이 바로 방사광가속기 synchrotron 이다.

그림 2-8에서 전자가 링 속을 돌고 있다. 링이라면 원을 생각할 수 있지만 각이 있는 형태로 제작한다. 직선 운동을 하는 부분에서 에너지를 공급받고 각의 꼭짓점 부근에서 회전할 때 빛을 방출한다. 이러한 시설을 방사광가속기라고 한다. 방사광가속기에 관한 연구는 1970년대 미국 스탠퍼드 대학 선형가속기센터SLAC[7]에서 도니아크Sebastian Doniach, 1934, 호드슨Keith Hodgson, 1947, 린다우Ingolf Lindau, 1942, 피아네타Piero Pianetta, 1949를 포함한 여러 사람에 의해서 본격적으로 연구되었다. 전자를 원 궤도와 비슷한 다각형 형태의 링에서 회전시킨다면 각을 통과할 때마다 자석에서 발생되는 자기장에 의해 로렌츠의 힘[8]이 작용하여 전자가 힘을 받아 전자기파가 발생한다. 가속도의 크기는 자석의 배치 및 자석 간의 길이를 이용하여 변화시킬 수 있으며, 결과적으로 발생하는 전자기파의 파장을 조절할 수 있다. 미국 스탠퍼드대학에 만들어진 방사광가속기가 SSRL[9]이며, 린다우 교수가 스웨덴으로 돌아가서 만든 가속기가 MAX Lab이다. 이 2개의 방사광가속기 외에도, 전세계에 많은 방사광가속기가 가동되고 있으며, 이곳에서의 실험을 통해 물리, 화학, 재료과학 등 많은 분야에서 눈부신 발전이 이루어졌다.

---

[7] Stanford Linear Accelerator Center(SLAC). 입자 가속기 연구소이다. 1962년 연구소를 짓기 시작했고, 이후 많은 과학적 연구 성과가 이루어졌다. 6명의 노벨상 수상자를 배출했고 4번째 쿼크인 매력(charm) 입자가 이곳에서 발견되었다.

[8] $\vec{F}=q\vec{v}\times\vec{B}$

[9] Stanford Synchrotron Radiation Lightsource(SSRL). 1972년 린다우와 피아네타가 첫 번째 빔라인을 건설하여 본격적으로 가동되기 시작했다.

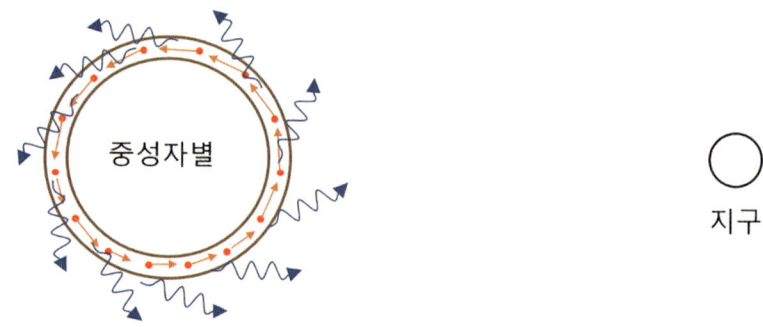

그림 2-9 중성자별에서 중성자가 붕괴하면서 방출되는 전자가 중성자별 주위를 돌며 전자기파를 발생시킨다. 지구 방향을 향해 발생하는 전자기파만 지구에서 관찰된다. 이런 이유로 주기를 갖는 전파로 관측되어서 펄사라는 이름을 붙였다.

    1967년 전파망원경에 외계에서 오는 신호가 잡혔다. 연속적인 형태가 아닌 일정한 시간차를 두고 반복되는 신호였다. 마치 펄스pulse, 맥박처럼 규칙적인 신호처럼 신호를 보낸다고 해서 이 신호를 방출하는 천체를 맥동성pulsar이라 부른다. 맥동성이 외계 생명체가 지구로 보내는 신호라는 의견도 있었지만, 그 신호의 규칙성을 연구하면서 중성자별에서 만들어지는 신호라는 것이 밝혀졌다.
    중성자별은 블랙홀 다음으로 밀도가 커서 엄청난 중력으로 인하여 원자들이 모두 붕괴된 거대한 중성자 덩어리이다. 이 상태에서 중력이 더 증가하면 블랙홀로 변할 수도 있다. 중성자별에서 중성자가 붕괴하면서 전자를 방출할 수 있다. 중성자별이 회전하면서 발생하는 거대한 자기장으로 인하여 방출된 전자들이 중성자별 주위를 돌면서 방사광을 방출할 때, 이 중에서 지구를 향해 방출되는 방사광이 일정한 시간 간격으로 지구에 도달한다.

방사광가속기와 맥동성은 가속운동하는 전자에 의해, 방사광이 발생하는 현상을 이용하거나 실제 우주에서 벌어지는 현상이다. 다시 본론으로 돌아가서, 그렇다면 원자에서 핵 주위를 돌고 있는 '전자'는 어떻게 안정한 상태를 유지할 수 있을까? 원자를 설명하기 위해 기존 물리학이 아닌 새로운 물리학이 필요했다. 더군다나 기존 물리학으로는 설명할 수 없는 현상들이 하나둘 발견되기 시작했고, 이러한 움직임 속에서 양자역학이 생겨났다. 양자역학의 시작과 발전, 그리고 양자역학을 이용한 현대의 원자론을 다음 장에서 살펴보겠다.

Dive deeper

• 선형가속기 LINear Accelerator, LINAC

전자기파를 이용하여 전자나 양성자를 가속하는 입자 가속기 중 하나이다. 처음 개발은 고에너지물리학 High Energy Physics, HEP 에서 사용하기 위해 개발되었지만 점차 분야가 넓어져서 최근에는 의학에서도 사용한다.

내부가 진공인 관 속에 전자를 넣어 주면서 일정한 간격으로 전자기파 마이크로파를 안으로 주입한다. 전자기파의 전기장 성분에서 양(+)에 해당하는 부분을 이용하면 전자를 가속시킬 수 있어서, 전자가 나중에는 상당히 빠른 속도로 움직이게 된다. 이것을 이용한 최초의 장치가 클라이스트론 klystron 이며, 이 장비를 개발하여 상품화한 사람이

베리안형제Russell Harrison Varian, 1898 – 1959 and Sigurd Fergus Varian, 1901 – 1961이다. 베리안은 진공 장비 분야에서 상당히 유명한 회사이며, 방사광가속기와 관련된 많은 장비를 개발했다. 선형가속기는 입자를 직선방향으로 가속시키며 그 형태가 상당히 단순하다. 선형가속기는 높은 에너지와 정밀도가 요구되는 분야에서 주로 사용된다.

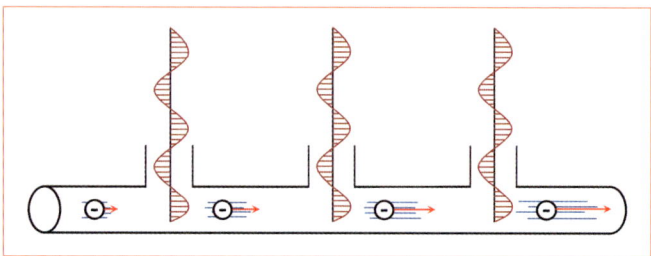

그림 2-10 선형가속기의 기본 원리

Learn more

• 야구 홈런과 과학

화창한 날(고기압)과 흐린 날(저기압), 과연 어느 날 야구장에서 홈런이 더 많이 나올까? 물론 홈런은 선수의 타격 실력이 가장 중요하지만, 날씨와 완전히 무관하진 않다. 맑은 날에는 기분도 좋아지고 뭔가 잘 될 것 같은 느낌이 들어서 홈런도 많이 나올 것 같지만, 의외로 흐린 날 홈런이 더 많이 나온다.

야구공이 공기 속을 가르며 날아갈 때, 야구공은 공기 분자들과 부딪치면서 속도가 점점 줄어든다. 속도가 줄면 담장을 넘기 힘들어져서 홈런이 되지 못할 가능성이 커진다. 반대로, 공기 분자와의 충돌이 적을수록 공은 더 멀리 날아가서 홈런이 될 확률이 높아진다.

이런 현상을 과학적으로는 '평균 자유 경로(mean free path)'나 기체 상태 방정식으로 설명할 수 있다. 간단히 생각해보자. 고기압일 때 공기 속 분자 수는 저기압일때보다 많다. 기압이 높아지면 공기속 분자 수, 즉 공기밀도는 증가하고 기압이 낮아지면 공기밀도는 낮아진다. 기체 상태 방정식(PV = nRT: P 압력, V 부피, n 몰수, R 기체 상수, T 온도)을 이용하면, 압력(P)이 낮아지면 공기 한 덩어리 안에 들어있는 분자 수(n/V)도 줄어든다는 걸 알 수 있다. 그래서 저기압인 날에는 공기 분자가 적어서 야구공과 충돌하는 횟수가 줄고, 결과적으로 공이 더 멀리 날아가 홈런이 더 잘 나온다.

그렇다면 저기압은 날씨 이외에 다른 이유로도 생길 수 있을까? 바로 고지대다. 높은 곳은 자연스럽게 기압이 낮기 때문이다. 예를 들어 미국 콜로라도주 덴버에 있는 '쿠어스 필드(Coors Field)'는 해발 약 1,610m에 위치해 있다. 이곳은 기압이 낮고, 중력가속도도 평지보다 살짝 작다. 그래서 이 구장에서 홈런이 유독 많이 나와 '투수들의 무덤'이라는 별명이 붙을 정도다.

이번엔 돔구장으로 가보자. 돔구장은 지붕이 덮여 있어 비가 오거나 바람이 불어도 경기를 계속할 수 있다. 지붕이 천막으로 되어 있는 경우, 천막의 모양을 보면 기압 상태를 짐작할 수 있다. 예를 들어, 천막이 위로 부풀어 있으면 내부 기압이 낮은 저기압 상태이다. 기압이 낮아지면 공기의 부피가 늘어나면서 천막이 볼록하게 부풀기 때문이다. 반대로 천막이 아래로 처져 있다면 고기압 상태이다. 이런 천막의 상태를 통해 홈런이 얼마나 나올지도 어느 정도 예측할 수 있다. 지붕이 완전히 막힌 구조의 돔구장에서는 실내 온도가 외부보다 높다. 온도가 높아지면 공기 밀도가 낮아지고, 공의 평균자유경로가 야외보다 길어져서, 홈런이 더 많이 나올 수 있는 것이다.

양자역학의 전성기

      과학의 관찰 대상은 뉴턴이 만유인력을 발견했을 때는 일상생활에서 쉽게 접할 수 있는 물체 또는 달이나 지구와 같이 비교적 커다란 물체들이었다. 산업혁명을 거치면서 관찰 대상은 작아지기 시작했고 마침내 원자에 이르게 되었다. 크기가 작아지면서 미처 알지 못했던 새로운 현상들이 보고되었고, 19세기 말에 이르면서 과학은 어쩌면 모순처럼 보이는 여러가지 현상들에 압도당하는 상황에 놓인다. 기존의 과학으로는 설명할 수 없는 현상들이 많이 발견됨에 따라, 이러한 현상들을 설명하기 위해서 새로운 과학/과학개념을 도입해야만 하는 상황이었다. 이러한 현상들 대부분은 전자와 관련된 것이며 이 전자들을 다루기 전에 양자역학을 출발시킨 개념인 '양자'라는 용어부터 살펴보도록 하겠다.

  '양자'라는 용어는 양자역학 분야와 연관되어 물리적 특성을 나타내는 가장 기본적인 양 또는 단위를 의미한다. 양자역학은 원자 및 아원자 입자와 같이 가장 작은 기본 입자의 움직임을 다루는 물리학의 한 분야이다. 여기서 양자라는 개념은 전자 이전에 빛에 대한 논쟁에서 출발했다.

빛을 영어로 표현하면 보통 'light'으로 표기하며, 우리가 일상생활에서 접하는 모든 빛을 나타낸다. 빛을 광선ray으로 표기하기도 한다. 대표적으로 엑스레이X-ray가 있으며, 광선은 직진하는 빛을 의미한다. 여기에 광자photon라는 용어도 사용하는데 광자는 양자화된 빛을 의미한다. 예를 들어서, 레이저 포인터에서 빨간색 빛이 나온다고 생각해보자. 빨간색의 파장이 대략 600nm라고 하자. 레이저 포인터에서 나오는 빛의 개수는 무한하지 않고 한정되어 있어서 우리가 셀 수 있다.

600nm 파장의 빛의 에너지는 약 2.07eV($1eV \sim 1.6 \times 10^{-19}J$)이다.[1] 600nm 파장의 빛 100개가 있으면 에너지는 207eV가 된다. 그렇다면 우리가 일상에서 생활할 때 마주하는 와트W와 빛의 개수는 어떻게 될까?

만약 600nm 파장의 빛이 나오는 LED의 소비전력이 50W라고 가정하자. 효율이 20%라고 가정하면 50W에서 빛으로 나오는 것은 10W(10J/s)로 1초당 10J에 해당하는 빛이 발생한다. 600nm 파장의 빛 에너지는 위에서 $2.07eV = 2.07 \times 1.6 \times 10^{-19}J$이므로 1초당 6.25×10^{19}개의 빛이 발생하는 것이다.

---

[1] 빛의 파장과 에너지를 곱하면 대략 1240이 된다. $\lambda(nm) \times E(eV) = 1240$. 이 식을 이용하면 쉽게 빛의 파장과 해당하는 에너지를 계산할 수 있다.

빛은 파동이지만 빛의 에너지는 최소 단위가 있어서 그 개수를 셀 수 있다. 우리가 빛의 개수를 셀 수 있는 것은 빛이 양자화되어 있다는 것을 의미한다. 이렇게 양자화된 빛을 광자라고 부른다.

빛을 둘러싼 논쟁 중에서 가장 유명한 것은 '빛은 입자인가 파동인가'였다. 빛을 입자라고 주장한 대표적인 인물이 뉴턴이다. 뉴턴은 빛이 만약 소리와 같은 파동이라면, 소리처럼 장애물에 가로막혀 있어도 장애물 뒤에 있는 물체를 볼 수 있어야 한다고 생각했다. 소리는 벽에 가로막혀 있어도 벽 뒤에서 들을 수 있다. 소리는 매질을 진동시켜서 퍼져 나가지만 빛은 매질을 진동시키지 않는다. 뉴턴은 이 점을 혼동한 것 같다. 뉴턴이 주장한 빛의 입자설은 오랜 기간 과학계에 영향을 주었다. 뉴턴과 달리 하위헌스Christiaan Huygens, 1629 – 1695는 빛의 파동설을 주장했다. 빛의 파동설은 이중 슬릿을 통과한 빛의 회절을 설명할 수 있었지만, 빛의 입자설은 이중 슬릿을 이용

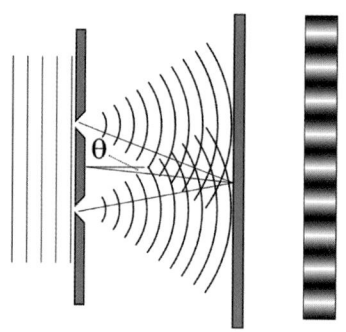

그림 2-11 이중 슬릿 실험. 왼편에서 평행한 빛이 들어오면 2개의 슬릿을 통과하면서 회절이 일어난다. 회절 결과 우측에 보이는 것처럼 명암 형태가 나타난다.[2]

한 빛의 회절을 설명할 수 없었다.

빛의 파동설은 이후, 패러데이 Michael Faraday, 1791 - 1867, 맥스웰 James Clerk Maxwell, 1831 - 1879을 통해서 수식화되어 '전자기학'으로 발전하였고, 전자기학을 이용하여 빛의 성질을 설명할 수 있게 되었다. 결국 빛은 '전자기파'로 여겨졌다. 빛은 '전자기파'이지만 전자기파로서 설명할 수 없는 새로운 실험 결과가 알려졌다.

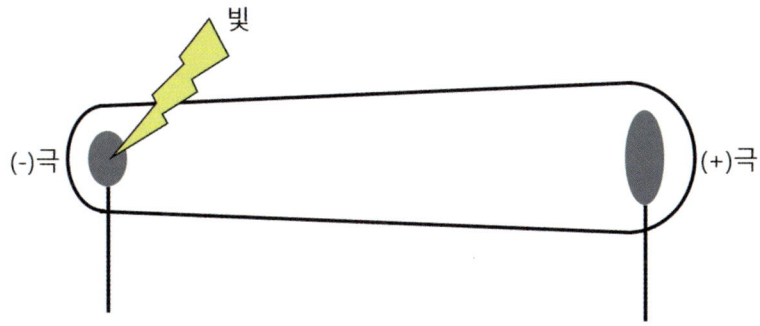

그림 2-12 음극관에 빛을 비추면서 흐르는 전류를 측정하는 실험

앞에서 살펴보았던 톰슨의 음극선 실험으로 되돌아가 보자. 음극선 실험은 톰슨 이전에, 헤르츠 Heinrich Hertz, 1857 - 1894와 레너드 Philipp Eduard Anton von Lenard, 1862 - 1947[3]에 의해 알려졌다. 당시 레너

2 https://en.wikipedia.org/wiki/Double-slit_experiment
3 음극선 실험의 공로를 인정받아 1905년 노벨상을 받는다. 하지만 독일 극우 이념인 아리안주의를 신봉하였고 '영국인들이 독일인으로부터 과학을 훔쳐 갔다'고 믿었던

드는 음극에 빛을 비춘 상태에서 전압을 변화시키면서 발생하는 전류를 측정하는 실험을 수행하고 있었다. 빛을 비추기 전에는 금속판 사이가 떨어져 있어서 전류가 흐르지 않지만, 빛을 음극에 비추면 음극에서 양극으로 전자가 튀어나와 전류가 흐른다.

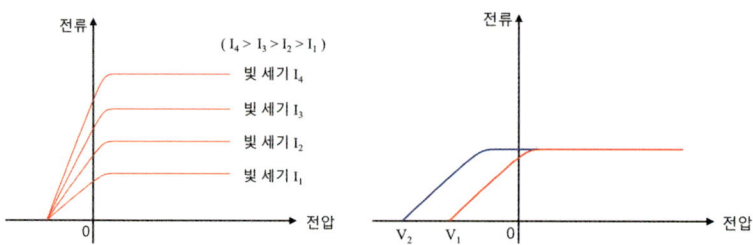

그림 2-13 빛의 진동수를 고정시키고 빛의 세기를 변화시킴(왼쪽). 빛의 세기를 고정시키고 진동수를 변화시킴(오른쪽).

이때, 레너드는 조건을 바꾸어가면서 실험을 진행하였고 다음과 같은 결과를 얻었다.

1. 빛의 진동수를 고정시키고 빛의 세기를 증가시키면, 흐르는 전류도 증가한다. 2. 빛의 세기를 고정시키고 빛의 진동수를 변화시키면, 흐르는 전류의 세기는 일정하지만 처음 전류가 흐르기 시작할 때의 전압 값이 변한다.

사람이다. 나치 신봉자로서 유대인 박해에 참여하기도 했으며, 유대인의 과학 업적을 부정하였다. 대표적으로 '상대성이론'을 제창한 아인슈타인이 유대인이라는 이유로 '상대성이론'을 부정하기도 했다.

3. 빛의 진동수가 작을 경우 빛의 세기를 아무리 증가시켜도 전류가 흐르지 않았다.

이 실험에서 전류가 일정해졌을 때 전류값을 전자의 전하량으로 나누면, 1초 동안 이탈하는 전자의 개수를 구할 수 있고, 처음 전자가 이탈할 때의 전압에 전하량을 곱하면 이탈하는 전자가 가지는 에너지를 알 수 있다. 레너드는 금속에서 이탈하는 전자들의 에너지를 빛의 세기와 연관지어 해석하려고 했다.

만약 빛이 파동이라면 빛이 금속 전극 표면에 도달했을 때, 금속

표 2-1 레너드 실험 결과

	전류(전자의 수)	전압(전자의 에너지)
빛의 세기 증가	증가	일정
빛의 진동수 증가	일정	증가

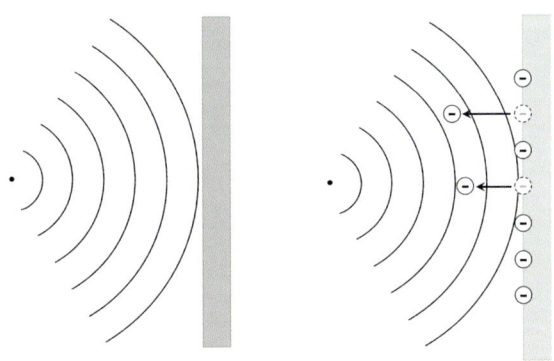

그림 2-14 빛이 파동일 때, 전극에 도달한 빛에 의해 전자가 전극 표면에서 벗어나는 모습

표면에 있는 전자들이 빛의 에너지를 흡수하여 금속 표면으로부터 튕겨 나간다 그림 2-14. 빛이 전자기파이면 빛의 세기 단위 면적당 전달되는 에너지양는 진폭의 제곱에 비례한다. 진동수가 큰 것은 파동의 진동 횟수가 많은 것을 뜻한다. 레너드의 실험에서 빛의 세기를 증가시킨다면 빛의 에너지가 증가하기 때문에 금속 표면에서 이탈하는 전자의 수도 증가하고, 이탈하는 전자들이 가지는 에너지도 커져야 한다. 만약 진동수가 작은 빛을 금속에 비추었을 때 빛의 세기를 증가시키면, 빛의 에너지가 높아지므로 금속에서 이탈하는 전자들이 발생해야 하지만 실제 이런 일은 발생하지 않았다.

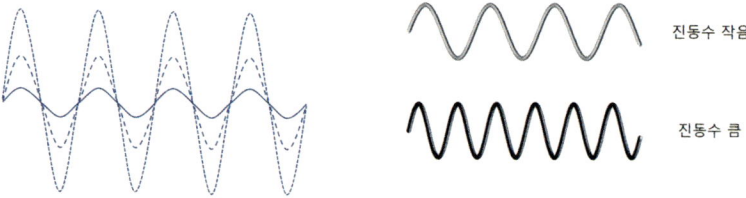

그림 2-15 빛의 진폭과 세기. 진폭이 크면 세기도 큼(왼쪽). 파동의 진동 횟수가 크면 진동수도 큼(오른쪽)

빛의 파동설로는 레너드의 실험 결과를 설명할 수 없었다. 빛이 파동이 아니라면 과연 무엇일까? 실험 당사자인 레너드를 비롯한 과학자들 모두 결과를 설명하지 못하고 있는 상황에서 '빛은 광양자'라고 주장한 사람이 등장했다. 바로 아인슈타인이었다. 아인슈타인은 빛은 입자이기도 하면서 동시에 파동이라는 빛의 광양자론을 주장했다. 동시에 아인슈타인은 빛의 에너지는 진동수에 비례 $E=h\nu$, h 플랑크상수, ν 진동수하고, 빛을 금속 표면에 비쳤을 때 전자가 금속 표면에서 이탈하려면 최소한의 에너지가 필요하다고 주장했다. 이 최소한의 에너지가 부족하면 금속에서 벗어날 수 없으며 이 최소한의 에너지를 일함수 work function, Φ 로 정의했다. 그래서 빛에 의해 금속 표면으로부터 이탈한 전자의 에너지와 빛, 그리고 일함수의 관계를 다음과 같이 표현할 수 있다.

$$E = h\nu - \Phi$$

빛을 단순히 파동인 전자기파라고 가정하면 빛을 하나씩 구분할 수 없지만, 빛을 광양자로 가정하면 빛을 하나씩 쪼갤 수 있으며, 빛은 더 이상 쪼갤 수 없는 기본 단위가 있다는 것을 의미한다. 빛이 광양자라는 사실이 증명된 후 과학자들의 관심은 전자에 향하게 된다. 톰슨의 모델은 전자가 원자 안에 있다는 것을 설명할 수 있었지만, 원자 내의 전자의 분포와 원자의 형태를 설명할 수는 없었다. 러더퍼드의 모델로 원자핵과 전자를 설명할 수 있었지만, 여전히 불안전한 원자모델로서 기존의 고전역학으로 설명할 수 없는 원자 내의 전자를 설명할 새로운 원자 모델이 필요했다.

러더퍼드 모델을 살펴보면서 연구에 매진하고 있던 덴마크의 물리학자 보어 Niels Bohr, 1885 – 1962는 러더퍼드의 모델에서 전자는 원자핵 주위를 돌고 있지만, 에너지를 잃으면서 결국에는 원자핵과 충돌하여 원자 상태가 불안정하다는 문제점을 해결하기 위해, 전자는 안정한 궤도를 돌고 있어서 에너지를 잃지 않고 그 상태를 유지할 수 있다고 가정했다. 그렇다면 '안정한 궤도'란 무엇일까? 전하를 띠고 있는 물체가 가속도 운동을 하면 전자기파를 방출하여 에너지를 잃게 된다. 전자는 음의 전하를 띠고 있고, 원운동에서 가속도는 계속해서 바뀐다. 결과적으로 전자는 전자기파를 방출하여 에너지를 잃을 수밖에 없다. 그런데 전자가 원운동을 하는데 어떻게 에너지를 잃지 않고 안정한 상태를 유지할 수 있을까? 보어는 이 문제에 대한 해결책으로 2가지 조건을 제시했다.

첫째, 각운동량의 양자화.[4] 전자가 안정한 상태를 유지하려면 전자의 각운동량 angular momentum, L이 양자화되어 있고, 전자의 각운동량은 환산플랑크상수 reduced Planck constant. $\hbar = h/2\pi$의 정수배 $L = n\hbar$, ($n=1$,

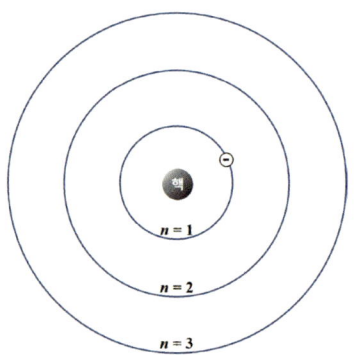

그림 2-16 보어의 원자 모델

2, 3…)이어야 한다. 전자는 특정한 개별 에너지 준위 또는 껍질에 있고, 핵 주위를 공전하며 에너지 준위 사이에는 전자가 존재할 수 없다. 원자 속에 있는 전자는 불연속적인 특정한 궤도를 회전하고 있으며, 에너지가 안정한 상태로서 빛을 방출하지 않고 에너지를 잃지도 않는다. 이 궤도는 원자핵에 가까운 궤도부터 $n=1, 2, 3, \cdots$ 이며, n을 양자수 또는 주양자수라고 한다.[5]

둘째, 전자가 궤도와 궤도 사이를 이동할 때는 양자화된 에너지를 흡수하거나, 양자화된 파장의 빛을 방출한다. 즉, 전자는 궤도 사이

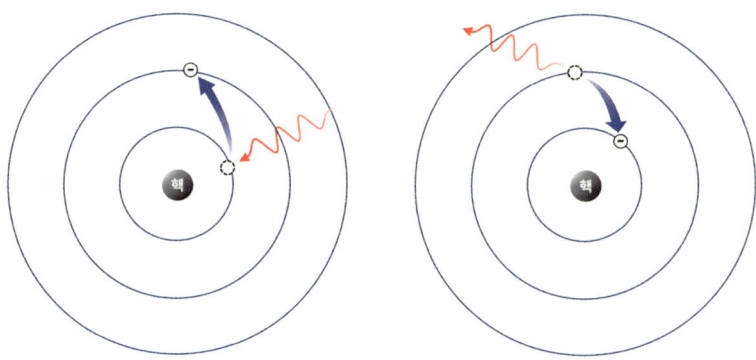

그림 2-17 전자가 전자 궤도의 에너지 준위차에 해당하는 에너지를 흡수하면 전자가 전이함(왼쪽). 에너지가 높은 준위에 있는 전자는 낮은 에너지 준위로 이동하면서 빛을 방출함(오른쪽)

[4] 각운동량의 최소 단위(크기)가 있으며, 각운동량은 최소 단위의 정수배이어야 한다.
[5] 양자역학에서 n을 주양자수(principal quantum number)라고 부르며, 이 외에도 부양자수(l방위양자수라고도 부른다.), 자기양자수(m), 그리고 스핀자기양자수(s)가 있다.

의 에너지 차이에 해당하는 특정 양의 에너지를 흡수하거나 방출하여야 궤도 사이를 이동할 수 있으며, 에너지 차이에 해당하는 빛의 파장을 이용하여 선스펙트럼에서 나타나는 불연속적인 선을 설명할 수 있다. 전자가 에너지 준위 E_i인 상태에서 에너지 준위 E_f인 상태로 전이할 때 흡수하거나 방출된 빛의 진동수를 f라고 하면 다음과 같은 식으로 표현할 수 있다.

$$|E_i - E_f| = hf = \frac{hc}{\lambda}$$

보어의 원자모델을 이용하여 수소 원자를 더 잘 이해할 수 있었다. 하지만 보어 모델로는 전자가 2개 이상인 원자들의 성질을 제대로 설명할 수 없었다. 더구나 불확정성 원리가 발표되기 이전이어서 이를 포함한 양자역학을 원자모델에 통합하지 못했지만, 이후 다른 과학자들의 연구를 통해 보어의 원자모델은 더욱 정교한 양자역학적 모델로 발전하였다. 보어가 전자를 설명하기 위해 '이중성'이라는 용어를 구체적으로 사용하지는 않았지만, 보어의 원자모델에서 제시한 조건인 각운동량의 양자화는 이후, 드브로이 Louis de Broglie, 1892 - 1987에 영향을 주었다. 드브로이는 전자와 같은 입자가 파동과 입자의 성질을 모두 나타낸다는 파동-입자 이중성 개념을 제안했다.

헤미 보어 모델에서 보어는 전자들이 원 궤도구 궤도를 돈다고 했는데, 원자

1개가 있다면 원자가 구의 형태를 유지하지만, 물질이 원자 1개로 이루어지지 않았잖아. 그러면 구성하는 원자들은 완벽한 구의 형태가 아니니까 보어 모델은 틀린 것 아닌가?

보민 맞아. 여러 개의 원자가 모여 물질을 구성하지. 그래서 그 원자들이 완벽한 구는 아니고 회전 타원체 spheroid [6] 형태가 되거든. 심지어 형태가 구나 타원체와 다른 모습으로 바뀌기도 해. 이런 경우, 각운동량 양자화 조건을 적용할 수 없거든. 보어도 이런 문제에 직면했을 때 많이 당황했던 것 같아.

헤미 구나 회전 타원체가 아닌 경우 전자들이 안정된 궤도를 돌 수 있을까?

보민 구나 타원체에서는 보어의 이론을 적용할 수 있었어. 다만 구나 회전 타원체가 아닌 경우, 각운동량 양자화 조건을 적용할 수 없어서 보어도 이 부분을 걱정했어. 보어가 고민하는 동안 보어를 도와 줄 사람이 등장해.

헤미 그게 누구야? 설마 아인슈타인?

보민 좀머펠트 Arnold Sommerfeld, 1868 – 1951 라는 아주 저명한 과학자야.

헤미 못 들어봤는데. 정말 저명한 과학자야?

보민 아주 유명해. 좀머펠트의 제자/연구원 중에서 7명이 노벨상을 받았어. 우리가 많이 들어본 불확정성 원리의 베르너 하이젠베르크 Werner Heisenberg, 1901 – 1976, 볼프강 파울리 Wolfgang Pauli, 1900 – 1958, 한스 베테 Hans Bethe, 1906 – 2005, 피터 듀바이 Peter Debye, 1884 – 1966 등이 있어. 좀머펠트는 제자들 외에도 유명한 게 따로 있어. 그는 다른 과학자들의

---

[6] 구는 원을 회전시켜 공간상에 존재하는 입체이며, 회전 타원체는 타원을 회전시켜 만든 입체이다.

연구에 관심이 많았어. 다른 과학자들이 어려움을 겪을 때마다 많은 도움을 주곤 했지. 좀머펠트는 위상공간을 도입하여 보어가 직면한 문제를 해결해 주었어. 결과적으로 좀머펠트 덕분에 보어의 원자모델이 훌륭한 과학모델로 받아들여지게 되었어.

헤미 안정한 궤도가 정확히 뭐야?

보민 보어는 안정한 궤도를 각운동량이 양자화되는 궤도로 생각했어. 각운동량[7]은 기본값의 정수배를 갖게 되거든. 이것은 각운동량이 양자화된다는 것을 의미해. 이것이 여러 가지 다른 궤도에서도 가능하다는 것을 보여 준 사람이 좀머펠트야.

원자가 원자핵과 전자로 구성되어 있는 것을 알아냈지만, 원자 안에 있는 전자의 움직임과 성질을 관찰하는 도중, 기존의 물리학으로는 설명할 수 없는 현상들이 발견되었다. 전자가 원자 밖에 위치할 때는 '입자'처럼 움직이지만 원자 안에 있으면 파동의 성질을 보인다. 결과적으로 전자가 입자와 파동의 두 가지 성질 이중성이라고 부른다을 모두 보여 주는 것을 기존 물리학으로는 설명할 수 없었다. 전자의 이중성을 설명하기 위한 새로운 시도가 나타나기 시작했다. 파동 wave을 연구하던 슈뢰딩거 Erwin Schrödinger, 1887 – 1961가 전자를 파동의 형태로 설명하면서 원자 내부에 있는 전자를 파동함수로 표현

---

[7] 각운동량은 축을 중심으로 한 물체의 회전 운동을 설명하는 물리학의 기본 개념이다. 각운동량은 벡터양으로서 크기와 방향을 모두 가지고 있으며 운동량처럼 보존되는 특성이 있다.

하였다. 슈뢰딩거는 휴가차 들른 휴양지에서 대략 하룻밤 동안 파동역학을 정리한 후 이것을 교정하여 발표했다. 슈뢰딩거의 파동역학은 물리학의 새로운 지평을 열었다.

　슈뢰딩거가 파동역학을 만들었을 때, 행렬을 이용하여 전자의 성질을 설명하는 과학자가 있었다. 그 사람이 하이젠베르크였다. 슈뢰딩거와 하이젠베르크는 접근하는 방법이 달랐지만, 두 사람 모두 전자의 성질을 설명할 수 있었고, 슈뢰딩거의 역학을 파동역학wave mechanics, 하이젠베르크의 역학을 행렬역학matrix mechanics이라고 부른다.

　양자역학의 태동기에 가장 큰 공헌을 한 인물은 닐스 보어였다. 그는 덴마크 코펜하겐에서 연구 활동을 했고, 그의 명성과 업적은 전 세계의 젊은 과학자들을 코펜하겐으로 이끌었다. 이들은 '코펜하겐 학파Copenhagen school'로 불렸으며, 양자역학의 해석에 있어 중심적인 역할을 담당했다. 주요 인물로는 베르너 하이젠베르크, 막스 보른Max Born, 1882 - 1970, 볼프강 파울리, 레옹 로젠펠트Leon Rosenfeld, 1904 - 1974, 오스카르 클라인Oskar Klein, 1894 - 1977 등이 있다. 코펜하겐 학파의 대표적인 업적에는 하이젠베르크의 행렬역학 정립, 파동함수의 제곱이 입자의 존재 확률을 나타낸다는 막스 보른의 해석, 입자성과 파동성이 동시에 관찰될 수 없다는 보어의 상보성 원리, 이중 슬릿 실험, 슈뢰딩거의 고양이 사고실험, 양자 얽힘 현상에 대한 해석 등이 있다.

Dive deeper

• 정상파 standing wave

공간에서 움직이는 파동traveling wave은 한 위치에서 다른 위치로 공간을 이동하지만, 이동하는 동안 일정한 모양을 유지한다. 대표적인 예로 바다의 파도, 공기를 통해 이동하는 음파가 있다. 이와 달리 공간을 이동하지 않고 정지한 것처럼 보이는 파동이 있다. 움직임이 없는 지점노드, node과 최대 움직임 지점반노드, antinode, 또는 '배'라고 부름이 제자리에서 진동하는 것처럼 보이는 파동을 정상파 또는 정재파라고 부른다. 대표적으로 기타 줄이 정상파 움직임을 보인다. 그림 2-18에서, 진동이 없는 상태에서 종이컵에 담긴 물의 물결은 보이지 않지만, 진동이 가해지면서 정상파가 발생하면 정상파 고유의 패턴이 나타난다.

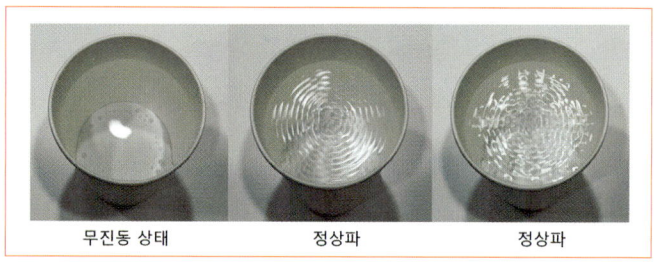

그림 2-18 컵에 담긴 물에서의 정상파 모습

• 드브로이 물질파

드브로이는 파동으로 여겨지던 빛이 입자 성질을 가지고 있다는 사실에 착안하여, '입자'로 여겨지던 전자나 양성자와 같은 입자도 '파동성'을 가질 수 있다고 생각했다. 즉, 모든 물질이 파동 특성이 있으며 전자와 같은 입자는 일반적으로 파동과 관련된 현상인 간섭과 회절을 나타낼

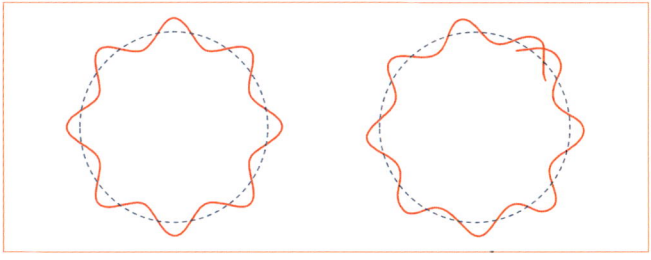

그림 2-19 (왼쪽) 원자 내의 전자의 정상파 (오른쪽) 허용되지 않은 전자의 파동 형태

수 있다. 그림 2-19 왼쪽에서, 점선은 전자의 궤도이며 전자는 궤도에서 실선을 따라 움직인다. 전자가 궤도를 회전하여 같은 움직임을 반복한다. 그림 2-19 오른쪽에서는 전자가 궤도를 따라 움직이지만, 전자의 움직임은 계속해서 바뀌게 된다. 원자 안에서 전자는 정상파의 모습만을 보인다. 전자가 가질 수 있는 파장을 드브로이 파장이라고 부르며, 드브로이 파장은 다음 공식으로 구할 수 있다.

$\lambda = h/p = h/(mv)$

λ 드브로이 파장 de Broglie wavelength

h 플랑크 상수

p 입자의 운동량 (mv)

이때, 전자의 드브로이 파장이 원자의 원주에 해당한다. $\lambda = 2\pi r/n$

$$2\pi rmv = nh$$

드브로이 파장 공식은 보어가 발표한 각운동량의 양자화 조건과 일치한다.

원자를 atom, 원소를 element, 그리고 주기율표

그림 2-20 주기율표

"산소는 생명체에 필수적인 요소" "인이 공기에 노출되면 발화한다." "땅콩을 심으면 흙 속에 질소가 풍부해진다." 이런 표현들에서 '산소'는 원자O일까? 아니면 원소O_2일까? 마찬가지로 '인'이나 '질소'도 원자P, N를 말하는 것일까? 원소P_2, N_2를 지칭하는 것일까?

일상생활에서 여러 가지 과학용어를 섞어 사용하다 보니 위와 같이 산소가 원자를 뜻하는지 아니면 원소를 말하는지 모호할 때가 많이 있다. 원자atom와 원소element는 비슷하면서도 다르다.[1] 모든 물질은 서로 다른 여러 종류의 원자들로 이루어져 있으며, 이를 쪼개면 결국 최종적으로 원자가 된다. 물론 원자는 핵과 전자로 분리할 수 있고 핵은 다시 양성자와 중성자로 나누어지지만, 양성자와 중성자 그리고 전자를 붙여놓는다고 해서 물질이 형성되지는 않는다 핵은 쉽게 합쳐지지 않는다. 그래서 물질을 구성하는 가장 작은 단위를 원자라고 한다. 원소는 한 종류의 원자로 이루어진 물질의 기본 단위로 더 이상 다른 물질로 분해되지 않는다. 앞의 표현에서 산소, 인, 질소 모두 원자들이 합쳐져서 이루어진 분자로서 이들은 원소를 지칭한다.

원자와 원소를 구분하는 기준은 물질의 성질 물성이다. 물성은 원소를 지칭하는 것이며, 물성이 빠져 있으면 원자를 의미하는 것이다. 원소가 물질의 성질을 이용하여 구분하였으므로, 당연히 물질의 고유색을 이용해서 원소를 쉽게 구분할 수 있다. 예를 들어 황은 진한 노란색, 플루오린은 옅은 노란색, 브로민은 갈색이다. 사실 색은 원소들이 가진 전자와 빛이 반응한 결과물이다. 빛을 흡수하지 않으면 투명하고 특정 색을 흡수하면 흡수된 빛의 보색으로 보인다. 색

---

[1] 돌턴이 원자설을 주장할 때까지 물질을 구분하는 용어로서 인류는 원소를 사용했다.

이외에 또 다른 물질의 특성들, 끓는점, 어는 점, 특정 기체와의 반응성을 이용하여 원소들을 더욱 체계적으로 구분하게 되었고, 마침내 멘델레예프Dmitri Ivanovich Mendeleev, 1834 - 1907가 탄소의 원자량(^{12}C)을 기준으로 주기율표를 만들었다. 멘델레예프는 약 63종의 원소들을 원자량으로 구분하였지만, 동위원소에 대한 개념이 없었던 점, 비활성기체를 포함시키지 않았던 점 등에서 그의 주기율표는 개선의 여지가 많았다.

모즐리Henry Gwyn Jeffreys Moseley, 1887 - 1915는 원자량 대신 엑스레이X-ray를 이용하여 원자에 있는 전자의 개수를 측정하였고, 전자 수를 이용하여 원자핵의 양성자 수를 추론하여 양성자 수를 원자번호로 사용하였다. 모즐리 덕분에 기존 멘델레예프 주기율표가 수정되었고 원소들이 재배열되었으며, 현재 사용하는 주기율표의 토대가 마련되었다.

현재 사용되는 주기율표는 주기가로와 족세로으로 구성되어있다. 주기는 1에서 7까지 있으며 전자껍질의 개수를 의미한다.[2] 같은 족에서 주기가 증가하면 전자껍질의 수가 많아져서 원자 반지름은 늘어나며, 같은 주기 내에서 족의 번호가 증가할수록 원자 반지름이 짧아진다. 다만, 18족 비활성기체의 경우 전자 배치가 안정되어서 17족 원소들보다 원자반지름이 약간 길다.

족은 1에서 18족까지 있으며 1~2족, 13~18족에서 일의 자릿수는

---

2 보어의 원자모델에서 주양자수(n)가 1부터 7까지.

마지막 전자껍질에 채워진 전자 최외각전자의 수를 의미한다. 원자의 가장 바깥 껍질에 있으면서 화학반응에 참여하는 전자를 원자가전자라고 한다. 주기율표에서 1족은 원자가전자가 1개, 2족은 2개, 13족은 3개이며, 17족은 7개, 18족은 0개이다. 최외각전자와 원자가전자는 비슷하면서도 달라서 종종 혼동하는 경우가 있다. 화학은 기본적으로 '반응성'에 초점을 맞춘다. 반응성을 설명할 때 '원자가전자'를 사용한다. 반응성이 없다면 혼자로도 안정할 수 있다. 이런 원자들의 원자가전자의 수는 0이다.

원자가전자의 수가 0인 18족 원소들은 홀 원자로 존재할 수 있어서 단원자분자로도 불린다. 또한 반응성이 없어서, 18족 원소들을 비활성기체 noble gas, inert gas라고 부르기도 했다라고 부른다. 하지만 이것은 어디까지나 헬륨 He, 네온 Ne, 아르곤 Ar, 크립톤 Kr에 해당한다. 제논 Xe은 산소와 결합하여 화합물을 형성할 수 있고, 라돈 Rn [3]은 방사성 동위원소이며 붕괴할 때 알파선 헬륨 원자핵을 방출한다. 제논과 라돈은 헬륨, 네온, 아르곤처럼 반응성이 없는 안정한 원소가 아니다.

원소 대부분은 원자가 아닌 분자의 형태이며, 원자들이 분자를 형성할 때 각각의 원자는 최외각 껍질에 8개의 전자가 채워지면 안정한 상태가 된다. 즉, 최외각 껍질에 전자 8개가 채워져 원자가전자의 수가 0이 되면 안정한 상태가 된다. 이것을 옥텟 규칙 octet rule이라고 한다.

---

[3] 발암물질이기도 하다.

옥텟 규칙은 원자의 전자배치와 결합 그리고 원자의 반응성을 설명할 때 사용하는 이론이다. 18족 원소들은 최외각전자수가 8개 원자가전자의 개수가 0여서, 결합없이 원자 상태로 안정하게 존재한다. 물론 옥텟 규칙을 만족하지 않는 예외적인 원소들이 있다. 수소와 헬륨에는 전자껍질이 1개 있으며, 이곳에는 전자가 2개까지 들어갈 수 있어서 전자껍질에 전자가 2개 채워진 헬륨은 안정한 원자로 존재한다. 붕소B는 원자가전자의 수가 3개여서 결합을 통해 최외각전자[4] 8개를 만족시키지 못한다. 옥텟 규칙은 화합 결합을 설명할 때 상당히 유용하다. 화학결합은 크게 원자간 결합과 분자간 결합 2가지로 나눈다. 원자간 결합은 원자들 사이에서의 결합이며 원자결합에는 이온결합, 공유결합, 그리고 금속결합이 있다.

첫째, 이온결합은 금속 원소와 비금속 원소 사이에서의 결합이다. 주기율표에서 금속 원소는 원자가전자의 수가 1~3개이다. 비금속 원소 수소 제외의 원자가전자의 수는 4~7개이다. 원자가전자 수가 4보다 작으면 원자가전자를 포기 다른 원자들에게 주려고 한다 하려고 하고, 4보다 크면 주위로부터 전자를 빼앗으려고 한다. 전자를 잃으면 양이온이 되고 전자를 얻으면 음이온이 된다. 이런 경향 때문에 금속 원소는 양이온이 되기 쉽고 비금속 원소는 음이온이 되기 쉽다. 따라서 이온결합은 금속과 비금속 원소 사이에서 일어나며 이온결

---

[4] 마지막 전자껍질에 있는 전자를 최외각전자라고 부른다. 원자가전자와 다른 점은 원자가전자는 0~7까지이고, 최외각전자는 1부터 8까지다. 최외각전자가 8개이면 안정해져서 반응성이 없어진다. 그래서 원자가전자의 수는 0이 된다.

합물질은 양이온과 음이온이 결합한 형태이다. 주기율표에서 1족 원소들 수소 제외이 17족 원소들과 이온결합을 한다. 또한 1족 원소들 2개가 16족 원소들과 이온결합하며 2족 원소가 16족 원소와 이온결합을 한다. 이온결합은 금속과 비금속 원소 사이에 발생하는 원자간 결합이다.

둘째, 공유결합은 비금속 원소 사이에서 이루어지는 원자간 결합이다. 원자가전자 수가 4이거나 4보다 많은 경우 전자를 얻어서 옥텟 규칙을 만족시키려 한다 수소의 경우 전자를 1개 얻어서 안정화하려고 한다. 원자가전자 수가 4이거나 4보다 많은 경우 대부분 비금속 원소이다. 비금속끼리는 전자를 서로 빼앗으려 하지만, 비금속 사이에서 전자를 뺏기는 쉽지 않다. 비금속 원소 사이에서는 전자를 한쪽에서 다른 곳으로 주지 않고, 서로 사이좋게 전자를 공유하는 방식을 통하여 원자가전자 수를 0으로 만든다 최외각전자 8개. 이를 공유결합이라고 부른다. 주기율표상의 비금속-비금속 원소로 이루어진 화학물질들은 공유결합으로 원자들이 결합하여 있다. 공유결합은 2개의 원자가 사이좋게 전자를 공유하는 결합이다. 전자를 1개씩 총 2개를 공유하면 단일결합, 전자를 2개씩 총 4개를 공유하면 이중 결합, 전자를 3개씩 총 6개를 공유하면 3중 결합이라고 한다.

셋째, 금속결합은 금속 원자 사이에서 발생하는 화학 결합이다. 금속결합에서는 최외각전자가 개별 원자 사이에 공유되지 않고 전자는 격자 구조의 모든 금속 원자가 집합적으로 공유한다. 옥텟 규칙을 이용하여 설명하면 금속 원자들이 원자가전자를 내어놓아 금속 원자들은 원자가전자의 수 0을 만족하려고 한다. 전자를 내어놓았지만 어떤 원자도 이 전자들을 가지려 하지 않는다. 이렇게 원자에서 이탈한 전자들은 자유롭게 금속 내부에서 움직이며 이들을 '자유전자free electron'라고 한다. 자유전자는 물체에서 자유롭게 움직이다 보니 외부에서 가해 주는 전기장에 쉽게 반응해 이동할 수 있다. 다시 말해 전기 전도도가 높다. 또 자유롭게 돌아다니던 전자들이 반응에 쉽게 참여할 수 있어서 화학반응을 잘한다. 자유전자가 많으면 물질을 구성하는 금속원자간 결합은 약해지며 결과적으로 외력에 의해 금속은 쉽게 변형된다. 자유전자로 인하여 금속은 높은 전기 전도도와 높은 열전도 그리고 금속 고유의 광택을 갖는다. 또한 금속은 연성과 전성이 뛰어나서 얇은 막이나 기다란 전선을 쉽게 만들 수 있다.

주기율표에 있는 원소들은 크게 금속, 비금속, 그리고 준금속으로 분류한다. 그렇다면 금속은 무엇일까? 중학교 과학 교과서에서는 주기율표 원소들을 금속과 비금속으로 나눈다. 여기서 금속은 전기가 흐르는 딱딱한 '물체'수은 예외이고, 비금속은 전기가 통하지 않는 기체 혹은 액체브로민이다. 그러나 더 정확한 금속의 분류기준은 '자유전자'를 가지고 있는가이다. 자유전자가 있으면 금속 원소로 분류하고, 자유전자가 없으면 비금속 원소로 분류한다. 비금속과 금속의 중간 성질을 띠는 물질을 준금속B, Si, Ge, As, Te 등으로 분류하는데, 이 원소들은 반도체에서 많이 사용하는 물질들이다.

먼저 금속에 대해 살펴보자. 주기율표에서 금속은 알칼리금속, 알

칼리토금속, 전이금속으로 나뉜다. 주기율표에서 1족 원소들 수소 제외은 주로 재ash에서 발견된다. 재에서 발견되어 '알칼리' 금속이라 불리며, 리튬Li, 나트륨Na, 칼륨K이 대표적이다. 이들은 원자가전자 수가 1개이므로 한 개의 전자를 다른 원자에게 줌으로써 전자껍질을 완전히 채울 수 있다. 알칼리 금속은 비금속 원소인 17족 원소와 쉽게 결합하며, 수산화이온OH⁻과 결합하면 강염기가 된다.[5] 알칼리 금속은 밀도가 1(g/cm³)보다 작아서 물 위에 뜨기도 하며, 물과 반응하여 쉽게 염기성 물질이 된다. 이것을 확인하는 방법으로 페놀프탈레인 용액을 떨어뜨리면 분홍색 빛이 생기는 것을 볼 수 있다.

주기율표 2족에 있는 원소들은 재뿐만 아니라 흙에서도 쉽게 발견되어 알칼리 토금속[6]이라고 부른다. 베릴륨Be, 마그네슘Mg, 칼슘Ca이 대표적이고 알칼리 토금속 원소도 원자가전자 2개를 다른 원자들에게 주려는 경향이 강하여 16족 또는 17족 원소들과 이온결합을 한다.

주기율표에서 3~5주기, 3~12족에 위치한 원소를 전이금속 transition metal이라고 부른다. 전이금속은 대체로 원자가전자 수가 1~3개이다. 전이금속은 전기 전도도가 아주 좋으며 철이나 니켈, 코발트의 경우 강자성을 띤다. 전이금속은 전자껍질을 구성하는 오비탈 중에서 원자가전자가 d 오비탈에 채워져 있어서 독특한 화학적 물리

---

[5] LiOH, NaOH, KOH

[6] 알칼리 토금속(alkaline earth metal). 알칼리 토금속과 자주 혼동하는 것이 희토류(rare-earth element)다. 희토류는 흙(땅, 지각)에 있지만 그 양이 아주 적은 원소들을 의미한다. 원자번호 21번 스칸듐(Sc), 39번 이트륨(Y), 그리고 57번(란타넘, La)부터 71번(루테튬, Lu)까지 희토류로 분류한다.

적 성질을 가진다.

　사람들은 보통 금속이 딱딱하다고 생각한다. 하지만 실제 금속은 원자간 결합이 다른 결합에 비해 약하고 무르며, 연성과 전성이 뛰어나서 금이나 알루미늄은 얇은 막foil으로 만들어 사용할 수 있다. 그럼에도 금속을 딱딱하다고 생각하는 이유는 무엇일까? 예를 들어 보자. 철사를 접었다 펴기를 반복하면 결국 부러지고 만다. 부러진 지점을 만져 보면 주위보다 온도가 높고 딱딱해져 있음을 알 수 있다. 철사를 접었다 펼 때 접힘부분에서 열이 발생하여 철사의 접힘부분은 뜨거워진다. 그렇다면 철사는 뜨거워서 부러진 것일까? 용광로에서 나온 쇳물이 약간 식어서 붉은빛을 띠고 있을 때 형태를 쉽게 바꿀 수 있다. 엿을 가열하면 부러지지 않고 늘어난다. 접었다 펴기를 반복한 철사가 부러진 이유는 단단해지면서 결국 미세한 균열이 발생했기 때문이다. 이것을 피로fatigue현상[7]이라고 부르며, 금속은 전위밀도가 높아지면 단단해지지만, 전위밀도가 너무 높으면 고유의 연성과 전성이 사라지고 충격에 약해서 쉽게 부러질 수 있다. "쇠는 두드릴수록 단단해진다"라는 속담이 있다. 철을 때리면 전위가 증가하여 강화현상[8]이 일어나고, 결과적으로 강도가 증가한다. 하지만 철을 너무 많이 때리면 내부에서 피로현상이 발생하여, 가벼운 충격에도 쉽게 부러질 수 있다. 영어속담 중에 "철은 뜨거울

---

[7]　전위(dislocation)가 발생하면 강도가 높아진다. 하지만 전위가 너무 많아지면 충격에 약해서 부서질 수 있다.

[8]　강도가 높아지는 현상.

때 쳐라Strike while the iron is hot"라는 말이 있다. 철을 뜨겁게 가열하면 내부에 있는 전위가 조금씩 사라진다. 시뻘겋게 가열된 상태에서 철을 때리면 전위가 너무 많이 생기지 않으면서도 철의 강도를 증가시킬 수 있다. 전위 증가로 인한 피로현상은 철이나 금속으로 만들어진 대형구조물이나 기계장치에서 자주 발생한다. 요즘은 보기 드물지만 과거에는 기차가 출발하기 전 기차 바퀴를 망치로 두들겨서 발생하는 진동음을 듣고 피로현상이 발생했는지를 확인하기도 했었다. 또한 기온이 낮아지는 겨울, 기계장비를 사용하기 전에 예열시켜서 피로현상이 발생하는 것을 예방하기도 했었다.

2005년 출판된 제레드 다이아몬드Jared M. Diamond, 1937의 책 《Guns, Germs, and Steel》을 살펴보자. 번역서의 제목은 《총, 균, 쇠》이다. 쇠는 보통 순철을 의미하고 일반적으로 iron으로 표기한다. Steel은 합금 또는 강철을 의미한다. '총, 균, 강철'이 더 적합한 제목이지만 운율을 고려하여 '총, 균, 쇠'로 정한 것 같다. 서구 문명이 신대륙 개척 및 식민지 확장에 앞장설 수 있었던 배경에는 당시 지구의 다른 대륙에 있던 나라들보다 훨씬 강한 철을 제작할 수 있었기 때문이다.

일본의 '카타나'는 칼로 유명하지만 사실 강한 칼이 아니다. 일본은 화산으로 형성된 섬으로 이루어져 있고 화산지대에는 황이 풍부하게 분포한다. 불행히도 일본에서 생산되는 철광석에는 황이 많이 포함되어 있어서 황이 적거나 황이 없는 철을 제련하기가 쉽지 않았다. 철에 황이 많아지면 단단해지지만, 피로현상이 잘 일어나서 충격에 약해진다. 예를 들면, 빙산과 부딪쳐 침몰한 타이타닉호 건조에 사용된 철에도 황이 많이 포함되어 있었다. 배는 철로 만들어졌으므로 빙산에 부딪힌다면 캔이 찌그러지듯 배의 충돌 면이 변형되어야 하지만, 타이타닉호는 충돌 면이 찢어지면서 커다란 구멍이 생겼다. 그 당시만 해도 철에 포함된 황을 제거하는 기술이 부족했고 황에 의한 철의 피로현상도 잘 알려지지 않아서, 배를 건조할 때 황이 포함되지 않은 철을 사용해야 하는 것을 몰랐다. 일본에서 생산된 철에도 황이 많이 포함되어 있어서 튼튼한 칼을 제작하기가 쉽지 않았다. 이런 이유로 일본은 과거에 철을 한반도나 중국으로부터 수입했다. 일본 검도에서 칼끼리의 충돌을 피하고 한 번에 상대방을 베어 버리는 기술인 '일격필살'이 발달한 이유 중 하나도 칼이 잘 부러졌기 때문이다. 일본 무사들이 여러 벌의 칼을 차고 다닌 것도 실내외에 따라 사용하는 칼이 다른 이유도 있었지만, 그보다 근본적인 이유는 칼이 잘 부러졌기 때문이다. 종종 일본 영화에서 칼을 수십 수백 번 부딪히면서 싸우는 장면이 나오는데 그것은 허구에 가깝다. 그렇게 싸울 수 있는 칼이 있었다면 그야말로 명검(名劍)이었을 것이다. 영화는 어디까지나 영화일 뿐이다.

비금속 원소는 주기율표에서 1족의 수소와 14족~18족 원소들이 비금속에 해당한다. 비금속 원소들은 대체로 기체 상태며 전기 전도도가 낮고 열전도도 또한 낮은 편이다. 상온에서 일부 원소들은 고체나 액체 형태다. 예를 들면, 황은 노란색의 분말 상태고, 아이오딘도 고체 형태, 브로민은 액체 형태, 탄소 일부는 단단한 고체 형태를 띤다. 예를 들어, 탄소로 이루어진 흑연graphite은 광택이 있으며 전기 전도도와 열전도도 모두 높다. 흑연 외에 그래핀graphene과 탄소나노 튜브carbon nanotube는 전기 전도도와 열전도도가 아주 높다. 다이아 몬드는 강도가 가장 크며 금속보다 열전도도가 높은 물질이다.

표 2-2 금속과 비금속 원소의 물성비교표

	금속	비금속
전기 전도도	우수함	나쁨 예외:흑연, 탄소나노튜브, 그래핀 등
열전도도	우수함	나쁨 예외:흑연, 탄소나노튜브, 그래핀 등
전성/연성	우수함	나쁨. 쉽게 부서짐
광택	고유 광택	없음 예외: 흑연
상태	고체 예외: 수은(액체)	기체 예외: 브로민(액체), 황(고체), 아이오딘(고체), 흑연(고체)
녹는점/끓는점	높음	낮음
이온성	양이온이 되기 쉽다.	음이온이 되기 쉽다.

대표적인 비금속 원소 중에서 17족 원소인 플로오린, 염소, 브로민, 아이오딘을 할로젠halogen으로 부른다. 할로젠 원소들의 원자가 전자 수는 모두 7개이며, 전자를 한 개 얻어서 안정해지려고 한다. 결과적으로 전자를 얻어 음이온이 되려는 경향이 강하여, 알칼리금속과 이온결합을 하거나 비금속 원자들과 공유결합을 하기도 한다. 비

금속 원소는 전자를 잡아당기는 능력인 전기음성도[9]가 커서 같은 비금속-비금속 사이에서는 공유결합을 하며, 금속-비금속 사이에서는 이온결합을 한다. 표 2-2에서 금속 원소와 비금속 원소의 특성을 비교해 보았다.

준금속은 금속과 비금속의 중간 성질을 지닌 원소이다. 금속과 비금속 특성이 혼합되어 분류가 모호하다 보니 중학교에서는 금속에 포함시켜 가르치고 있다. 준금속 원소는 금속과 비금속의 성질을 모두 갖고 있다. 준금속 원소들은 공유결합을 한다. 준금속에는 대표적으로 붕소B, 규소Si, 저마늄Ge, 비소As, 안티모니Sb가 있다. 자세히 살펴보면 반도체 소자 제작에 많이 사용되고 있는 원소임을 알 수 있다. 반도체 소자의 대부분은 규소를 기반으로 제작하고 있으며 저마늄을 사용하기도 한다. 도핑하는 원소들로는 붕소, 비소 등이 있다. 준금속의 전기 전도도는 비금속 원소보다 높고, 금속 원소보다는 작다. 또한 준금속 원소도 금속 원소처럼 광택이 있지만 쉽게 부서지거나 깨진다. 준금속 원소의 열전도도는 금속 원소보다 더 크다. 비록, 준금속원소에는 자유전자가 적어서 전기 전도도가 크지 않지만, 열전달은 자유전자뿐만 아니라 물체를 이루는 원자들의 격자진동을 통해서 열을 전달할 수 있으며, 준금속의 경우 격자진동

---

[9] 화학 결합을 하는 원자에서 결합에 참여한 전자를 끌어들이는 정도를 나타낸다. 전기음성도가 높을수록 원자가전자를 더 끌어당기며, 17족이 크고 1족이 작으며, 같은 족에서는 주기가 작아지는 방향, 같은 주기에서는 족이 커지는 방향으로 전기음성도가 커진다. 전기음성도가 가장 큰 원자는 불소(F)다.

을 통해 열을 잘 전달한다. 준금속은 또한 밴드갭bandgap, 띠간격을 가지고 있어서 밴드갭이 없는 금속과는 다르지만, 도핑을 통하여 전기 전도도를 쉽게 조절할 수 있다. 도핑을 한다는 것은 옴의 법칙 I=R/V에서 저항을 바꿀 수 있다는 것을 의미한다. 도핑을 통해 저항을 바꿀 수 있는 원소들이 반도체 소자 제작에 사용된다.

헤미 열전도도가 높은 물질은 은, 구리, 금, 알루미늄, 철이고 전기 전도도가 높은 물질도 은, 구리, 금, 알루미늄, 철이야. 이렇게 보면 은이 제일 좋은 원소네.

보민 반은 맞고 반은 틀렸어. 전기 전도도는 저항비저항과 반비례 관계야. 은, 구리, 금, 알루미늄처럼 비저항[10]이 낮은 물질이 전기를 잘 통과시켜. 20세기 후반에 탄소나노튜브가 발견되었는데, 탄소나노튜브도체가 은보다 전기 전도도가 더 높았어. 그러다 21세기에 그래핀이 발견되었지.

헤미 전기가 잘 통하는 것이 우리가 알고 있던 금속과는 다른 것 같은데.

보민 우리가 알고 있는 금속들은 자유전자를 가지고 있어서 외부의 전기장에 의해 전자들이 움직이면서 전기를 잘 통과시키고 열도 잘 전달시켜. 예전부터 열전달을 잘하는 물질로 '다이아몬드'가 잘 알려져있지. 다이아몬드는 금속보다 열을 훨씬 잘 전달시켜. 그뿐만 아니라 아주 단단하고 가격도 비싸지.

헤미 게다가 예쁘기까지 하잖아.

---

[10] 저항을 측정할 때 단위 길이당, 면적당 측정되는 저항을 비저항이라고 한다. 비저항이 물질의 특성이 된다.

보민 열을 전달하는 방법은 크게 두 가지가 있어. 자유전자가 운동에너지 형태로 전달하는 방법과 원자들의 진동으로 전달하는 방법이야. 이 두 가지 중에서 금속은 주로 전자들에 의해 열을 전달하고, 공유결합을 하는 물질들은 원자들의 진동을 통해 열을 전달해. 공유결합 물질 중에서 구성 원소들이 가벼운 원소로 이루어진 다이아몬드, 흑연, 그래핀 이런 물질들의 열전도가 높아.

헤미 다이아몬드는 보석 말고도 여러 분야에서 많이 사용할 수 있겠는데?

보민 심지어 다이아몬드와 비슷한 구조의 얇은 박막으로 반도체 소자의 안과 밖을 연결해서 반도체 소자 내부에서 발생한 열을 밖으로 빼내어 소자 내부의 온도를 낮추기도 해.

헤미 반도체 소자 내부에서 열이 나온다고?

보민 반도체 소자CPU, DRAM 등에서 연산을 수행할 때 전류가 흐르거든. 소자의 크기가 작아지다 보니 금속 선폭이 좁아지면서 전류가 흐를 때 열이 발생하게 돼. 단시간에 연산을 많이 할수록 많은 열이 발생해. 고성능 CPU는 단위 면적당 열 발생량이 너무 높아서 CPU 성능 업그레이드가 열 때문에 어려운 실정이야.

헤미 열이 많이 발생하면 CPU의 성능이 저하된다는 이야기인데, 왜 그런 거지?

보민 반도체는 온도가 너무 높아지면 전자의 특성이동도이 바뀌거든. 그러면 상온의 특성에 맞게 제작된 반도체의 성능이 나올 수 없게 돼. 그래서 다이아몬드 박막을 반도체 내부에 만들어서 내부에서 발생한 열을 밖으로 빼려는 거야.

헤미 궁금한 게 있는데, 반도체에 있는 다이아몬드를 긁어내서 커다란 다이아몬드를 만들 수 있는 거야?

보민 그렇지는 않아. 다이아몬드는 비금속 물질이야. 얇은 막을 긁어낸다 해도 하나의 큰 덩어리로 만들 수는 없어.

금속, 비금속, 준금속으로 원소를 분류하였지만 광택으로 쉽게 구분할 수 있는 금속을 제외하면 이온결합 물질과 공유결합 물질을 구분하기는 쉽지 않다.

표 2-3 이온결합 물질과 공유결합 물질의 물성 비교표

		이온결합 물질	공유결합 물질
물에 용해		대체로 잘 녹음	잘 녹지 않으며, 포도당이나 설탕 등, 일부 녹음
쪼개짐		작은 충격에 잘 쪼개짐	쪼개지지 않음
전기전도	고체	흐르지 않음	흐르지 않음
	액체(용융)	잘 흐름	흐르지 않음
	수용액	잘 흐름	흐르지 않음

가장 간단한 방법으로는 수용액에서의 전기 전도도를 측정하면 쉽게 구분할 수 있다. 먼저 물에 녹으면 대체로 이온결합 물질이고, 이온결합 물질은 양이온과 음이온으로 분리되어 전기가 잘 흐른다. 반면에, 공유결합 물질은 물에 잘 녹지 않고, 물에 녹아도 포도당과

같은 공유결합 물질은 이온화되지 않아서 전기가 흐르지 않는다. 고체상태의 이온결합 물질이나 물에 녹지 않는 공유결합 물질은 전기가 흐르지 않는다. 다만 온도가 높아져서 용융상태가 되면 이온결합 물질에서는 이온들이 움직일 수 있어서 전기가 통하지만, 공유결합 물질은 용융상태가 되어도 전기가 흐르지 않는다.

Dive deeper

- **배위결합**

공유결합의 한 유형으로 배위공유결합이라고 부르기도 한다. 일반적인 공유결합에서는 각각의 원자가전자를 하나 또는 두세 개씩 제공하여 공유 전자쌍을 형성하지만, 배위 결합에서는 한 원자가 공유 전자쌍의 전자를 모두 내어놓아 함께 공유한다. 대표적으로 오존O_3, 이산화황SO_2이 있으며, 암모니아와 결합한 수소이온NH_4^+, 물이 이온화될 때 생성되는 수소이온도 배위 결합을 통해 H_3O^+가 된다.

- **분자간 결합**

- **수소 결합:** 전기음성도가 큰 원자F, O, N와 수소 원자로 이루어진 공유결합에서, 전기 음성도가 큰 원자들은 상대적으로 음전하를 띠고, 수소는 양전하를 띠어서, −OH에 있는 산소와 다른 분자의 수소 사이에 인력이 발생하는 것을 수소 결합이라고 한다. 수소 결합은 원자간 결합은 아니지만 물질의 특성에 영향을 준다. 수소 결합을 하는 물질들은 높은 끓는점을 갖는다. 또한 DNA를 구성하는 염기 쌍 사이에서 수소 결합을 하며, 결과적으로 DNA는 이중나선구조를 갖게 된다.

- **반데르발스 결합:** 분자 간에 작용하는 인력으로, 공유 결합이나 이온 결합보다 약하지만 분자의 응집력과 물질의 성질에 중요한 영향을

미친다. 이 결합을 형성하는 주요 원동력은 분산력, 쌍극자-쌍극자
상호작용, 그리고 유도 쌍극자 상호작용의 세 가지이다. 분산력은 비극성
분자의 전자가 순간적으로 이동하면서 생성되는 일시적 쌍극자 간의
인력이다. 일반적으로 분자가 클수록 전자의 이동이 쉬워져 분산력이
강해진다. 쌍극자-쌍극자 상호작용은 극성 분자 간의 정전기적 인력으로,
부분적으로 양전하와 음전하를 띠는 분자들이 서로 끌어당기는 힘이다.
유도 쌍극자 상호작용은 비극성 분자의 전자 분포가 변형되면서
순간적으로 쌍극자가 형성되고, 이들 간의 인력으로 작용하는 현상이다.
반데르발스 결합은 개별적으로는 약하지만, 다수의 분자가 모이면 강한
영향을 미친다. 단백질 구조의 유지, 생체 분자 간 상호작용, 비극성
기체의 응축 등 다양한 분야에서 중요한 역할을 한다.

초전도체

　　비저항이 0이면서 자석 위에 뜨는 마이스너현상 Meissner effect이 일어나는 물질을 초전도체라고 한다. 전기저항이 0이 된다는 것은 꿈속에서나 가능하다고 여겼다. 물질에는 전기저항이 있으며 저항의 원인은 2가지가 있다. 첫째, 물질 내부에 있는 불순물, 결함 등과 전자가 충돌 산란하면서 발생하는 저항과 둘째, 물질을 구성하는 원자들이 온도가 올라감에 따라 진동하는 현상 phonon, 격자 떨림에 의한 저항이다.

　불순물이나 결함이 없는 물질은 존재하지 않는다. 휘황찬란하면서도 투명해 보이는 다이아몬드나 보석에도 불순물과 결함이 많다. 사람의 눈으로 구분할 수 없는 아주 작은 크기의 불순물이나 결함이 결정이나 보석에도 존재한다. 아무리 순수한 물질이라도 열역학적으로 불순물이나 결함이 없는 상태는 불가능하다.[1] 0도 K에 도달하면 격자의 진동이 멈추어서 격자 떨림에 의한 저항은 사라질 수 있지만, 불순물이나 결함에 의한 저항은 사라지지 않는다. 따라서 극저온에서 저항이 0이 되는 것은 불가능한 현상으로 치부되었다. 19세기, 극저온에서의 저항 측정 실험은 불가능했지만 켈빈Lord Kelvin, 1824 - 1907은 1902년 절대 영도0K에서 금속은 완벽한 전기 절연체가 될 것이라는 이론을 제안했다. 즉, 온도가 낮아짐에 따라 금속의 저항이 어떤 특정한 값으로 줄어들며, 이후 절대 0도로 낮아짐에 따라 저항은 무한대로 증가할 것으로 생각했다.[2]

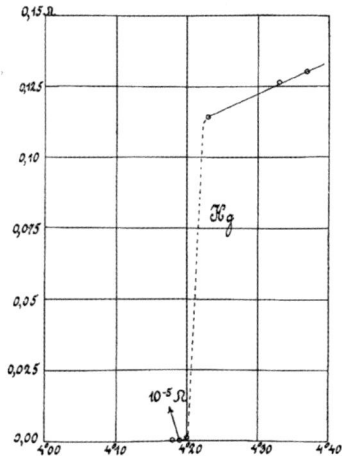

그림 2-21 1911년 10월 26일, 수은(mercury)의 전기저항을 측정한 기념비적인 저항 곡선. 세로축은 저항(ohm), 가로축은 온도(K). 4.2도(K)에서 저항이 0이 된다.[3]

1   물질 내부에 결함이 생기면서 물질이 갖는 자유에너지(free energy)가 낮아진다. 자연계에 존재하는 모든 결정은 결함을 갖고 있으며, 사람 눈에는 완벽해 보일지라도 눈으로 볼 수 없는 결함을 모든 결정은 갖고 있다. 물질 내부에 결함이 없으면 자유에너지가 높아져서 불안정해진다. 결과적으로 결함이 생기면서 자유에너지가 낮아진다.

2   P. F. Dahl, Superconductivity, its Historical Roots and Development from Mercury to the Ceramic Oxides (New York 1992) 13-49.

3   H. Kamerlingh Onnes, Commun. Phys. Lab. Univ. Leiden. Suppl. 29 Nov. (1911).

네덜란드의 과학자 오너스Heike Kamerlingh Onnes, 1853 - 1926[4]는 1908년 헬륨을 액화시키는 데 성공했다[5]. 이 공로로 오너스는 1913년 노벨 물리학상을 받았다. 그 당시만 해도 액화헬륨을 사용할 곳이 많지 않았다. 그나마 극저온에서 물체의 전기저항을 측정하는 분야가 미개척 상태로 남아 있어서, 오너스는 액화헬륨을 이용하여 극저온에서 전기저항을 측정하는 일에 매진했다. 예나 지금이나 실험은 주로 대학원생들의 몫이지만, 오너스는 직접 실험에 참여해 실험노트[6]를 작성하면서 구체적인 실험방법, 실패한 측정법 결과, 실패를 개선하려는 새로운 실험계획, 수은의 전기저항을 측정하는 방법, 측정 시간, 심지어 재현하는 과정을 포함해 실험에 관한 모든 내용을 고스란히 기록으로 남겼다.[7]

오너스는 왜 이런 측정을 했을까? 켈빈은 0도K가 되면 물질 내부

[4] 네덜란드어 발음으로는 '오네스'가 좀 더 비슷하다. 영어 발음으로는 '온즈'라고 한다.
[5] 보통 액체 헬륨이나 액체 질소라는 말을 사용하지만, 상온 상압에서 액체 형태의 헬륨이나 질소는 안정하지 않다. 그래서 액체라는 말보다는 액체의 형태로 만들었다는 의미의 액화라는 말이 더 정확한 표현이다. 참고로 헬륨(^{4}He)의 기화 온도는 4.2K이다.
[6] 실험 노트는 정말 중요하다. 실험 노트를 통해 실험 조건, 실험과정을 알 수 있으며 실험에 참여한 사람이 누구인지도 알 수 있다. 액화헬륨은 Gerrit Flim과 함께, 수은 저항 측정에서 온도조절은 Cornelis Dorsman이 담당했고, 저항 측정을 위해 그의 실험 조수였던 Gilles Holst이 전류를 측정했다. 그리고 blue collar boys라고 불리던 수많은 기능공이 실험에 참여했다.
[7] Dirk van Delft and Peter Kes, The discovery of superconductivity, Physics Today 63 (9), 38-43 (2010). Dirk van Delft, History and significance of the discovery of superconductivity by Kamerlingh Onnes in 1911, Physica C: Superconductivity, 479, 30-35, (2012).

의 전자들 움직임이 멈추어서 전자의 이동도mobility가 0이 되고, 결과적으로 저항은 무한대로 증가할 것으로 생각했다. 오너스는 켈빈의 생각에 의문을 품었다. 만약 0도K에서 물질의 저항이 무한대가 된다면, 온도가 낮아짐에 따라 어느 특정한 지점부터 금속의 저항[8]은 증가할 수밖에 없다. 이것을 확인하기 위해 오너스는 백금과 금의 전기저항을 극저온에서 측정했다. 켈빈의 주장과는 다르게, 5도K 이하에서 전기저항은 아주 작은 값으로 일정해지는 것을 확인했다.[9]

금과 백금의 저항을 측정한 후 오너스의 관심은 수은의 저항측정으로 쏠렸다. 수은은 상온에서 액체상태이지만 극저온에서는 고체상태로 바뀐다. 1911년, 그는 수은의 전기저항이 극저온에서 0이 되는 현상을 발견했다. 전기저항이 0이 된다는 것을 그의 실험 조수였던 길리 홀스트Gilles Holst, 1886 – 1968가 가장 먼저 알아차렸지만 수은의 초전도 현상에 관한 연구 대부분이 오너스에 의해 이루어졌기에 모든 영광이 그에게 돌아갔다. 그래서 오너스가 제자를 쫓아내고 노벨상을 독식했다는 소문이 돌았다. 그러나 길리 홀스트는 실험실에서 쫓겨나기는커녕 오너스로부터 많은 도움을 받았고, 1926년 네덜란드 왕립 예술 과학 아카데미[10] 회원이 되었다. 오너스가 초전도 현

---

[8] 금속의 비저항은 온도가 낮아짐에 따라 낮아진다.
[9] Kamerlingh-Onnes, H. Further Experiments with Liquid Helium. On the Change of Electric Resistance of Pure Metals at Very Low Temperatures, etc. IV. The Resistance of Pure Mercury at Helium Temperatures. Phys. Lab. Univ. Leiden 122, 13-15 (1911).
[10] Royal Netherlands Academy of Arts and Sciences.

상을 발견한 학생을 쫓아내고 노벨상을 독식했다는 것은 사실이 아닙니다.

오너스는 초전도 현상을 발견하고 3주가 지나 물질의 저항이 0이 된다는 연구 결과를 발표했다.[11] 처음에는 물질의 저항이 0이 된다는 사실을 과학자들이 쉽게 받아들이지 않았다. 그만큼 수용하기 어려운 결과였다. 오너스는 여러 차례 재현 실험을 하면서 저항이 0이 되는 초전도 실험을 계속했지만, 많은 과학자들은 여전히 초전도 현상을 쉽게 받아들이려 하지 않았다. 오너스가 노벨상을 받게 된 연구 성과도 초전도체 발견이 아니었고, 헬륨의 액화에 대한 공로로 노벨상을 받았다.

초전도 현상은 전기 전도도가 좋은 은, 구리, 금에서는 발견되지 않았다. 오히려 상온에서 전기 전도도가 덜 좋은 납이나 수은 등에서 발견되었다. 초전도 현상이 일어나는 임계 온도는 대략 30도K 이하였다. 오너스의 발견 이후 여러 가지 현상이 초전도체에서 추가로 발견되었다. 독일 과학자 마이스너 Fritz Walther Meißner; 영어로 Fritz Walther Meissner. 1882 – 1974[12]가 발견한 마이스너효과가 대표적이다. 초전도체는 임계온도보다 낮은 온도로 냉각되면 자석 위에 뜬다. 이것은 자석에서 발생하는 자기장을 초전도체가 밖으로 밀어내기 때문이다.[13]

---

11   H. Kamerlingh Onnes, Commun. Phys. Lab. Univ. Leiden 120b (April 1911).

12   독일 뮌헨 근처 가르킹(Garching)에 그의 이름을 딴 연구소(Walther-Meissner-Institute(WMI))가 있다.

13   이와는 반대로, 공중에 매달린 자석 아래에 제2종(type 2) 초전도체를 놓으면 매달리

그림 2-22 73도(K)에서 자석 위에 뜬 초전도체[14] (왼쪽), 제2종 초전도체에서 나타나는 고기잡이 효과(오른쪽)[15].

초전도 현상은 신비하고도 난해한 현상이었다. 전기저항이 0이 되고 마이스너효과가 일어나는 원인을 찾기가 쉽지 않았다. 유명한 과학자였던 마티아스 Bernd T. Matthias, 1918 – 1980가 1950년대, 초전도 현상이 일어날 수 있는 후보물질들이 갖춰야 할 조건을 제시하였고, 이 조건에 알맞은 물질 위주로 초전도 연구가 진행되었다. 마티아스의 조건은 다음과 같다.

는 현상도 있으며, 이를 고기잡이 효과 (fishing effect, or suspension effect)라고 부른다.

[14] https://ko.wikipedia.org/wiki/마이스너_효과. A magnet is suspended over a liquid nitrogen cooled high-temperature superconductor (-200°C) (Peter nussbaumer).

[15] https://commons.wikimedia.org/wiki/File:Suspension_of_a_superconductor_by_a_magnet.jpg

1. 산화물은 초전도체가 될 수 없음.
2. 자성을 띤 물질에서는 초전도 불가능 Fe, Co, Ni
3. 부도체에서 초전도 현상 일어나지 않음.
4. 전자밀도가 높은 물질에서 초전도 현상이 일어남.[16]
5. 대칭성이 큰 물질에서 초전도 현상 일어남.[17]

이후 초전도체의 구성 물질 중에서 원자번호는 같고 원자량이 다른 동위원소를 이용하여 임계 온도를 측정해 보니, 동위원소의 원자량이 증가할수록 임계 온도가 줄어든다는 것을 발견했다.[18] 이 연구를 통해 격자 떨림이 초전도 현상과 관련 있다는 추론을 할 수 있었다. 그렇다면 격자 떨림과 초전도 현상은 어떻게 연관되어 있을까? 동위원소의 원자량이 커지면 격자떨림의 빈도에 영향을 준다. 동위원소효과가 초전도와 관련 있다는 것은 격자떨림이 초전도와 깊은 관련이 있다는 것이다.

트랜지스터를 발명해 이미 노벨상을 받은 바딘 John Bardeen, 1908 – 1991은 격자 떨림과 전자들이 관여하여 초전도현상을 일으킬 것으로 생각했다. 격자 떨림과 전자들의 상호작용을 계산하기 위해 쿠퍼

---

[16] 자유전자의 밀도가 높은 나이오븀(niobium, Nb) 및 나이오븀 합금에서 초전도현상이 일어난다.
[17] 대칭성이 높은 물질에서 격자 떨림이 많이 발생한다.
[18] 임계 온도는 초전도체 동위원소 질량의 제곱근에 반비례한다. 이 현상을 동위원소효과(isotope effect)라고 부른다.

Leon N. Cooper, 1930 – 2024를 박사 후 연구원으로 초빙하고, 자기 제자였던 슈리퍼John Robert Schrieffer, 1931 – 2019와 함께 초전도 현상을 설명하기 위해 노력했다. 그 결과 전자 2개가 격자 떨림을 매개로 하여 쌍Cooper pair, 쿠퍼 페어을 이룰 수 있고, 쿠퍼 페어가 초전도 현상을 일으킨다는 BCS이론을 발표했다.[19] 이후, 1950년대에 바딘과 초전도 연구에서 경쟁했던 파인만에 의해서 쿠퍼 페어의 역할이 설명되었다. 파인만은 초전도 현상이 진공 중에 있는 전자들이 빛을 매개로 상호작용[20]하는 것과 상당히 유사하며, 진공이 아닌 물질 속에서 전자들이 상호작용하기 위한 매개체로 격자 떨림이 필요하다는 것을 설명했다.[21]

BCS이론으로 초전도체의 모든 특성을 설명할 수는 없었지만, 초전도 현상을 설명할 수 있는 아주 훌륭한 이론이었다. 이후 초전도체 2개 사이에 부도체를 넣으면, 쿠퍼 페어가 터널링tunneling 할 수 있는가에 대한 논쟁이 있었다. 이것을 처음으로 발표한 사람은 당시 대학원생이었던 조셉슨Brian Josephson, 1940[22]이었다.[21]

---

19 Bardeen, Cooper, Schrieffer의 이름 첫 글자를 따서 이름 붙였다. John Bardeen, Leon N. Cooper, and J. Robert Schrieffer, Microscopic Theory of Superconductivity, Physical Review 106, 162-164 (1957).

20 전자 사이에서는 전자기력으로 서로 밀어내려고 하는데, 전자쌍을 만들기 위해 격자 떨림을 매개로 쌍을 이룰 수 있다.

21 R. P. Feynman, R. B. Leighton, M. Sands, The Feynman Lectures on Physics, Volume II (1960).

22 저자는 박사과정 중 조셉슨 교수를 복도에서 종종 마주치곤 했었다. 조셉슨 교수에게서 자주 들었던 말이 "나도 바둑 좋아했는데, 바둑은 적당히 둬야 해"였다. 당시 케임브

바딘은 조셉슨의 초전도 터널링 이론을 강하게 반대했다. 조셉슨과 바딘은 학회에서도 언성을 높여 싸우곤 했다. 한국에서는 거의 불가능한 일이겠지만, 미국이나 유럽에서는 어느 정도 가능한 일이었다. 과학자들 중에서 바딘을 지지하는 사람들도 있었지만 조셉슨

리지대학의 명예교수였지만, 사람의 생각을 읽어 내는 방법에 관해 연구하고 있었다. 이 같은 연구 때문에 사람들에게 미쳤다는 소리를 듣기도 했지만, 그는 미친 사람이 아니었다.

의 아이디어를 지지하는 사람들도 있었다. 마침내 실험을 통해 조셉슨 효과가 증명되었다. 조셉슨 효과를 이용한 장치인 초전도양자간섭장치Superconducting Quantum Interference Device, SQUID는 매우 민감한 자력계로 극히 작은 자기장을 측정하는 데 사용되고 있다. SQUID를 이용하면 사람 심장 박동에 의한 자기장 변화까지 측정할 수 있으며, 조셉슨 효과를 이용한 조셉슨접합소자Josephson Junction Device는 양자컴퓨팅에서도 사용되고 있다.

이후 초전도에 관한 연구가 많이 진행되었지만, 전기저항이 낮은 금이나 구리에서는 초전도 현상이 발생하지 않았고, 철에서도 발견

23 B. D. Josephson, Possible new effects in superconductive tunnelling. Physics Letters. 1(7), 251-253 (1962).

되지 않았다.

프랑스에서 1970년대에 산화물의 비저항을 체계적으로 측정한 적이 있었다. 다만 산화물들이 대부분 반도체/부도체였으므로 온도가 낮아짐에 따라 비저항은 급격하게 커지는 경향이 있었다. 이로 인하여 산화물들의 비저항 측정은 극저온에서는 이루어지지 못했다.

- 1986년 -

1986년 스위스 IBM 연구소의 베드노르츠Johannes Georg Bednorz, 1950와 밀러Karl Alexander Müller, 1927 – 2023가 산화물 LaBaCuO의 비저항을 극저온에서 측정하는 도중 저항이 0이 되는 현상을 발견하였다. 게다가 기존에 알려진 초전도체의 임계 온도보다 높은 35도K에서 초전도 현상이 발생하였고, 마티아스의 조건에 의하면 초전도체가

될 수 없는 산화물이었다. 마티아스의 가정에 근거하여 당시 과학계에서 산화물에서 초전도 현상은 발생하지 않는다는 생각이 지배적이었다. 베드노르츠와 뮐러는 1986년 실험결과를 정리하여 Physical Review에 투고하지만 거절당한다.[22] 결국, 실험결과를 또 다른 저널에 투고하여 발표하였지만[23] 과학자들 사이에서 베드노르츠와 뮐러의 실험결과를 불신하는 의심의 눈초리가 팽배했다. 이때 미국의 추 Paul Ching Wu Chu, 1941가 임계 온도가 93도K인 $YBa_2Cu_3O_{7-x}$를 발견하여,[24] 베드노르츠와 뮐러의 발견에 대한 불신은 사라지게 되었고, 기존의 초전도체와 달리 임계 온도가 높으며 산화물 기반이었으므로 산화물 기반의 초전도체를 고온 초전도체 High Tc Superconductor, HTS 라 명명하였다.

고온 초전도체가 발견되기 전에는 초전도체의 대부분이 금속으로 이루어진 물질이었고, 초전도체는 둥근 고리 형태의 초전도갭 superconducting gap[27]을 가지고 있다. 이런 초전도갭을 갖는 초전도체를 *s-wave* 초전도체라고 한다. 초전도갭이 등방성이 아니며 원자의 d 오

---

[24] Georg Bednorz. Nat. Rev. Mater. 4, 292-293 (2019).

[25] J. G. Bednorz, K. A. Müller, Possible high Tc superconductivity in the Ba-La-Cu-O system. Z. Physik B - Condensed Matter 64, 189-193 (1986).

[26] M. K. Wu, J. R. Ashburn, C. J. Torng, P. H. Hor, R. L. Meng, L. Gao, Z. J. Huang, Y. Q. Wang, C. W. Chu, Superconductivity at 93K in a new mixed-phase Y-Ba-Cu-O compound system at ambient pressure. Phys. Rev. Lett. 58, 908-910 (1987).

[27] 초전도체에 갭이 있다는 사실을 모르는 경우가 많다. 갭의 크기는 아주 작다. 대략 ~meV (meV = 0.001 eV) 수준이다. Si의 밴드갭 약 1.12eV에 비하면 아주 작다.

비탈 중 하나인 d_{x2-y2} 형태를 닮은 초전도체를 *d-wave* 초전도체라고 부른다.

고온초전도체의 발견 이후 마티아스의 조건에 위배되는 다양한 초전도체가 발견되었으며, 심지어 철을 기반으로 하는 물질에서도 초전도현상이 발견되기도 했다.[28] 과거에는 재미있는 현상으로 치부되었던 초전도체가 이제는 이곳저곳에서 사용되고 있다. 초전도체의 대표적 응용 분야는 다음과 같다.

1. 초전도 자석을 이용한 자기공명영상 Magnetic Resonance Imaging, MRI
2. 자기부상열차 Maglev Trains
3. 양자 컴퓨팅
4. 전력 설비
5. 센서 및 반도체 소자
6. 핵융합 초전도 자석은 토카막[29]과 같은 실험용 핵융합로에서 핵융합반응에 필요한 높은 온도와 압력에서 플라즈마를 가두고 제어하는 데 사용된다

초전도 현상은 많은 물질에서 발견되고 있으며 초전도체 연구는 원리의 이해, 임계 온도가 높은 초전도체 연구, 그리고 기존 연구에

---

[28] Iron-based superconductors(FeSC). FeSC는 초전도 갭이 *p* 오비탈을 닮아서 *p-wave* 초전도체라고 부른다.

[29] Tokamak. 태양과 같이 핵융합반응이 일어나는 환경을 조성하기 위해서 초고온의 플라즈마를 자기장을 이용해 가두는 핵융합 장치를 말한다.

서 불가능하다고 여겨지는 물질에서의 초전도 현상 발견에 초점을 맞춰 이루어지고 있다.

탄소나노튜브/
풀러렌/그래핀

보민 나의 헤미, 널 위한 선물이야.

헤미 이게 뭐야?

보민 너만을 위한 연필. 헤밍웨이 Ernest Miller Hemingway, 1899 - 1961가 즐겨 사용했던 연필, 블랙윙 Blackwing이야.

헤미 고마워. 정말 갖고 싶었던 연필이야.

보민 이 연필을 갖고 싶었던 특별한 이유가 있어?

헤미 응. 연필이 종이 위에서 잘 미끄러지고, 글씨가 검게 쓰여져.

보민 그래? 그렇다면 순도가 높은 흑연으로 만들어진 것 같은데.

헤미 흑연?

보민 응. 흑연은 탄소로만 이루어진 물질이야. 탄소로만 이루어진 다이아몬드는 투명하고 강도가 높지만, 흑연은 층으로 이루어져 있고 쌓인 층들이 잘 미끄러져. 흑연을 구성하는 층 한 개를 그래핀이라고 불러. 그래핀을 말면 탄소나노튜브를 만들 수도 있고, 공 모양의 풀러렌 fullerene을 만들 수도 있어.

헤미 그래핀이나 탄소나노튜브가 특별한 이유가 있어?

보민 사실 이런 물질들이 아주 새롭진 않아. 그래핀은 흑연을 구성하고 있는 물질이고, 탄소나노튜브와 풀러렌도 그을음이나 재 속에 섞여 있었어. 그래서 순도 높은 형태로 추출하지 못했고, 이런 물질이 있었다는 것도 몰랐을 뿐이야. 그런데 이런 물질들을 추출해서 물성을 확인해보니, 기존에 있던 물질들보다 뛰어난 성질이 있다는 것을 알게 되었고, 이것들을 탄소로 이루어진 신소재라고 부르게 되었어.

탄소나노튜브는 1991년 일본인 과학자 이지마Sumio Iijima, 1939의 발견으로 알려졌다. 이지마의 발견은 엄청난 성과였지만, 사실 탄소나노튜브는 1950~1970년대에 이미 소련에서 자주 보고되었던 물질이었다. 냉전기간, 소련은 서유럽 및 미국과의 과학 기술 교류를 금지한 적이 많았고 아주 제한적인 규모에서만 과학 기술 교류를 허용해주었다. 냉전기간 소련에서의 탄소나노튜브 합성 사실은 알려지지 않았고, 소련이 붕괴된 1990년대 후반 과거 소련의 과학 관련 서적과 논문들이 서방세계에 전해졌다. 그 결과 1950년대에 소련에서 탄소나노튜브가 발견되었다는 사실이 새롭게 조명되었다. 탄소나노튜브는 하나로 이루어진 단일벽single wall과 여러 겹이 쌓여있는 다중벽multi wall 2가지로 나뉘며, 다시 전기적 특성을 기준으로 금속과 반도체로 분류된다.

탄소나노튜브는 오래전 다마스쿠스 강철에 포함되어 있었던 것으로도 알려져 있다. 탄소나노튜브는 흑연에도 소량 존재하며 놀라울 정도로 탁월한 강도, 높은 열전도율, 전기 전도도금속형 등 우수한 물리적 특성을 보여준다. 덕분에 이를 이용하여 다양한 소자를 만들거나 응용할 영역을 찾기 시작했다. 한 예로, 지구 대기 밖에 있는 우주정거장까지 연결하는 탄소나노튜브로 만든 엘리베이터를 상상하기도 한다. 우주정거장까지 쉽게 갈 수 있고, 비용도 획기적으로 줄일 수 있기 때문이다. 과연 이것이 가능할까? 꿈에서는 가능할지 모르지만 현실에서는 불가능한 일이다. 실제 생산할 수 있는 순수한 탄소나노튜브의 길이는 ~mm에도 미치지 못한다. 어느 세월에 길이 100km 이상을 만들 수 있겠는가?

 탄소나노튜브는 아주 작은 물체지만 탁월한 물성을 가지고 있다. 그래서 길이를 길게 만들 수 있다면 상상을 뛰어넘는 제품도 만들 수 있다고 사람들은 생각했지만, 탄소나노튜브의 길이를 증가시키는 것 자체가 엄청난 도전이고 쉽게 이룰 수 없는 일이다. 더구나 탄소나노튜브의 길이가 길어질수록 발생하는 결함이 증가하여 탄소

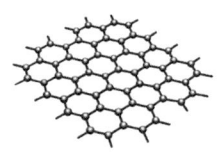 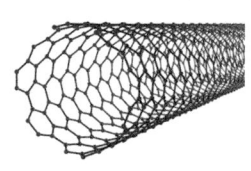 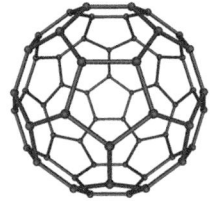

그림 2-23 (왼쪽) 그래핀, (가운데) 탄소나노튜브, (오른쪽) 풀러렌

나노튜브의 탄성과 강도는 감소하게 된다. 이지마 교수가 1991년 발표한 후로 30년 이상의 시간이 흘렀지만, 합성하여 만들 수 있는 탄소나노튜브의 길이는 크게 바뀌지 않았다. 꿈의 물질이 현실에서 실현되기까지는 많은 시간과 노력이 필요하다.

나노물질들은 부피 대비 표면적 비율이 커서 촉매나 나노소재로 사용되고 있다. 풀러렌의 경우, 풀러렌 표면에 약을 붙여서 몸속의 상처 부위로 직접 이동시키는 DDS Drug Delivery System 분야에서 사용되고 있으며, 탄소나노튜브는 배터리를 포함한 다양한 분야에서 사용되고 있다.

헤미   보민아, 검은색에도 종류가 있다고 하는데 정말이야?

보민   응. 검정은 채도와 명도가 없는 색이지만, 실제 사람들이 사용하는 검은색에는 명도의 차이가 있어. 명도가 없다면 빛이 반사되지 않아야 하지만 실제로는 어느 정도 빛이 반사되거든. 그래서 검정에도 종류가 있어.

헤미   그렇다면, 검정에서도 가장 검은색이 있어? 그러니까 가장 검다고 할 수 있는 색?

보민   그럼. 사람들이 사용하는 검은색 중에서, 가장 검은색으로 반타블랙 Vanta Black이라는 물질이 있어. 이 물질은 탄소나노튜브를 수직으로 배열시켜서 만든 물질이야. 그래서 반타 Vertically Aligned Nano Tube Arrays라고 불리지. 반타블랙의 경우, 빛의 약 99.965%를 흡수한다고 알려졌어. 검은색은 디스플레이를 개발할 때 아주 중요한 역할을 하거든. 검은색이 기준이 되어 명도를 결정하니까. 그래서 디스플레이장치를 개발할 때, 어떤 검은색을 기준으로 삼느냐에 따라 디스플레이의 화질이나 색상이 바뀔 수 있어. 또한 반사형 망원경의 내부에도 검은색을 칠하면 아주 미세한 별빛도 관찰할 수 있거든. 반타블랙과 같은 검은색은 많은 곳에서 사용되고 있어.

헤미 그렇다면 현재까지 개발된 검은색 중에서 반타블랙이 가장 검다고 할 수 있어?

보민 반타블랙은 영국 회사 Surrey NanoSystems에서 개발된 후, 오랫동안 가장 검은색으로 알려졌지만, 2019년 MIT의 연구진이 99.995%의 빛을 흡수하는 물질을 개발해서[1] 더 이상 반타블랙이 가장 검은색은 아니야.

---

[1] https://news.mit.edu/2019/blackest-black-material-cnt-0913

Learn more

유명한 과학자들 가운데는 프랑스인이나 독일인을 비롯한 유럽 출신이 많다. 이들의 이름은 자국어 발음과 영어식 발음이 다르기 때문에, 어떻게 읽느냐에 따라 차이가 생긴다. 일반적으로는 영어가 아닌 본래 언어의 발음에 따라 읽는 것이 관행이다. 예를 들어, 상대성이론으로 유명한 아인슈타인Albert Einstein의 이름은 독일어식으로 '알베르트 아인슈타인'이라고 발음하는 것이 맞다. 그런데 '앨버트 아인슈타인'이라고 부르는 경우가 있는데, 이는 이름은 영어식으로, 성은 독일어식으로 발음한 어색한 조합이다. 더 이상한 점은, 철저히 영어식으로 '앨버트 인스틴'이라 부르는 사람은 없다는 것이다. 결국 '알베르트 아인슈타인'이라는 독일어 발음을 따르는 것이 자연스럽고 바람직하다.

영어 표현 중에 "Don't call me names"라는 말이 있다. 이는 "욕하지 마라"는 뜻으로, 이름을 함부로 부르거나 잘못 발음하는 것이 상대에게 불쾌감을 줄 수 있음을 보여준다. 이름은 정체성과 직결되기 때문에, 원어에 가깝게 존중하여 발음하는 것이 중요하다. 과학자들의 이름 가운데 발음이 혼동되기 쉬운 대표적인 예들을 아래에 정리해 보았다.

Ampere	프랑스 물리학자. 영어식으로 '암페어'로 알려짐. '앙페르'로 발음한다.
Auger	프랑스 과학자. '오거'가 아닌 '오제'로 발음한다.
Coulomb	프랑스 물리학자. '쿨롱'으로 발음한다.
Euler	독일 수학자. '오일러'로 발음한다.

Fermat	프랑스 수학자/물리학자. '페르마'로 발음한다. 잘 생각해보면, 페르마를 영어식 '퍼맷'으로 발음하지 않는다.
Fermi	이탈리아 물리학자. 영어식으로 '퍼미'로 발음하지만, '페르미'로 발음한다.
Feynman	미국 물리학자. 동유럽 출신의 이민자의 후손이다. 영어식으로 '파인맨'으로 발음하기도 하지만, '파인먼'과 '파인만'의 중간 발음이다. 요즘은 '파인맨'으로 발음하는 경우가 많다.
Fourier	프랑스 수학자/물리학자. 영어식으로 '포리어'로 발음하기도 하지만, '푸리에'로 발음한다.
Fresnel	프랑스 물리학자(광학). '프레스넬'로 발음하거나, 번역된 경우가 많다. '프레넬'로 발음한다.
Huygens	더치(Dutch) 물리학자(광학). '호이겐스'가 아닌 '하위헌스'로 발음한다.
Kirchhoff	독일 물리학자. 영어식으로 발음하면 '커초프'가 된다. '커초프'로 많이 발음하지만, '키르히호프'로 발음한다.
Mendel	오스트리아 식물학자. 영어식으로 '맨들'로 발음하지만, '멘델'로 발음한다.
Max Born	독일 물리학자. 영어식으로 '막스 본'이 아닌, '막스 보른'으로 발음한다.
Pauli	독일 물리학자. 영어식으로 '폴리'로 발음하기도 한다. '파울리'로 발음한다.
Poincare	프랑스 수학자. '푸앵카레'로 발음한다.
Poynting	영국의 물리학자. 성이 'Poynting'이다. '포인팅'으로 발음하지만, 표기할 때 'Pointing'으로 잘못 쓰는 경우가 있다.

Knight shift	요즘은 '나이트 쉬프트'라는 표현이 일반적으로 굳어져서 발음하고 있다. 이 용어는 스코틀랜드 출신 물리학자인 Knight의 이름에서 비롯된 것으로, 초기에는 '크나이트 쉬프트'로 불렸다. 스코틀랜드 영어에서는 단어 앞의 k 음을 생략하지 않고 발음하는 전통이 있다. 예를 들어, knock(두드리다)이라는 단어는 일반적인 영어권에서는 '녹' 혹은 '낙'으로 발음되지만, 스코틀랜드 일부 지역에서는 '크녹'에 가깝게 발음한다. 마찬가지로 knight라는 단어도 보통은 '나이트'로 읽지만, 스코틀랜드 성씨로 쓰일 경우 '크나이트'라고 발음하는 경우가 있다.

반도체

　　　　　　1970~1980년대에 초등학교를 다닌 사람이라면, '전기가 흐르면 도체, 전기가 통하지 않으면 부도체, 반만 흐르면 반도체'라고 배웠던 기억이 어렴풋이 떠오를 것이다. 40~50년 전 대부분 사람은 반도체 자체를 몰랐다. 만약 누군가가 갑자기 작은 물체를 주면서 그 물질이 도체인지 아닌지 물어본다면 어떻게 대답할 것인가?

　예전에는 금속이면 도체, 금속이 아니면 부도체라는 인식이 있었다. 실제 금속은 '자유전자'를 가진 물질로 금속 고유의 광택이 있어서 우리가 눈으로 쉽게 구분할 수 있다. 반도체에는 자유전자가 적지만 온도나 도핑을 통하여 자유전자의 수를 늘릴 수 있다. 반면 부도체에는 자유전자가 거의 없어서 전류가 흐르지 않는다. '전기 전류가 잘 흐르면 도체, 전류가 흐르지 않으면 부도체, 적당한 전압이 인가되었을 때 전류가 흐르면 반도체' 이것이 물질의 전기적 특성을 구분하는 기준이다. 좀 더 정확하게 표현하면 온도에 따른 저항 엄밀하게 이야기하면 비저항을 측정하여 구분한다. 온도가 증가하면서 저항이 함께 증가하면 금속이고, 온도가 증가함에 따라 저항이 감소하면 부도체 또는 반도체라고 한다. 부도체와 반도체는 저항값이 상당히 크면 부도체, 부도체에 비하여 저항값이 작으면 반도체라고 한다 그림 2-24.

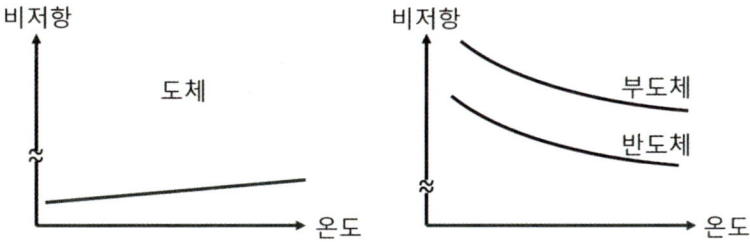

그림 2-24 도체와 부도체/반도체의 전기적 특성 그래프. 도체는 온도가 올라감에 따라서 비저항이 증가하지만, 반도체/부도체는 온도가 올라가면 비저항이 감소한다. 부도체와 반도체는 기본적으로 비슷한 전기적 특성이 있다.

전기적 특성을 구분하는 또 하나의 특징은 밴드갭[1] bandgap, 띠간격, E_g의 유무와 밴드갭의 크기이다. 도체는 밴드갭이 없는 반면 부도체/반도체는 밴드갭이 있다.

원자 1개만 있거나 주위로부터 고립된 원자 1개가 있을 때 그림 2-25 왼쪽, 원자 속의 전자들이 가질 수 있는 에너지 준위는 불연속적이며, 전자들은 아래로부터 에너지 준위를 채운다. 에너지 준위들

[1] 물질 내에서 전자가 가질 수 있는 에너지 대역이 있다. 이때 전자가 가질 수 없는 에너지 대역, 즉 금지된 에너지 영역을 밴드갭이라고 한다.

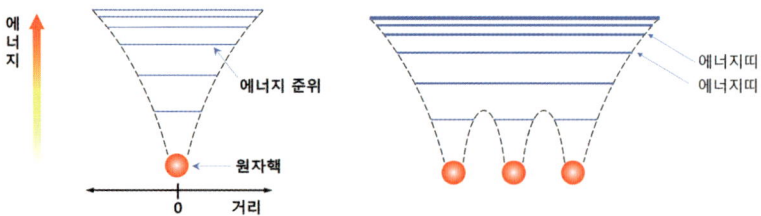

그림 2-25 (왼쪽) 원자에서 전자의 에너지 준위 (오른쪽) 원자들이 결합하여 일정하게 배열될 때, 전자의 에너지 준위 및 에너지띠

은 불연속이어서 준위 사이에는 에너지 간격이 존재하며, 전자의 에너지 준위가 띄엄띄엄 떨어져 있어서 양자화되었다고 한다. 만약 고립되어 있던 원자들이 가까이 모여 규칙적으로 반복해서 배열되면 그림 2-25 오른쪽, 한 원자 궤도[2]가 이웃 원자의 원자 궤도 atomic orbital와 겹치게 된다. 이를 중첩이라고 부른다. 원자핵에 가까운 준위에 있는 원자 궤도는 중첩이 잘되지 않고, 에너지 준위가 높은 경우, 즉 최외각전자에 해당하는 원자 궤도에서 중첩이 잘 일어난다.[3] 즉 원자 간 거리가 멀어질수록 중첩이 일어나지 않고, 원자 간 거리가 가까

---

[2] 원자 궤도(atomic orbital)는 원자 내 전자의 위치와 파동과 같은 거동을 설명하는 함수이다. 원자 속 전자가 있는 전자껍질을 원자 궤도 또는 원자 오비탈이라고 부른다.

[3] 중첩이 일어난다는 것은 서로 다른 원자핵에 영향을 받게 되는 것을 의미하며, 공간적으로는 하나의 원자가 아닌 중첩이 이루어지는 모든 원자들의 공간에서 전자가 존재함을 의미한다. 중첩이 일어나지 않으면 전자는 하나의 원자에만 있는 것을 의미하고, 중첩이 많이 되면 여러 원자의 공간에 있게 된다. 즉, 전기적 특성 측면에서 중첩이 많이 일어나면 금속성이 증가하고, 중첩이 일어나지 않으면 부도체의 특성이 증가한다.

울수록 중첩이 커진다.

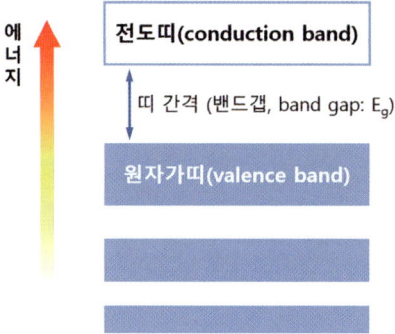

그림 2-26 고체의 밴드 다이어그램(band diagram). 원자가 띠 아래에 있는 에너지띠는 모두 전자들로 채워져있다. 전도띠와 원자가 띠 사이에는 띠 간격(밴드갭)이 있으며, 이 영역에는 전자가 존재하지 않는다.

    물질을 형성하는 원자 수가 늘어나면, 에너지 준위가 미세하게 갈라져 거의 연속적인 띠로 나타나게 되며, 이를 에너지띠band라고 한다. 고체에서 전자는 에너지띠 영역에서만 존재하며, 전자가 채워진 제일 마지막 에너지띠를 원자가 띠valence band, 원자가 띠 바로 위쪽, 전자가 채워지지 않은 띠를 전도띠conduction band라고 한다. 에너지 띠 사이에는 전자가 존재할 수 없고, 원자가 띠와 전도띠 사이를 밴드갭띠 간격이라고 한다. 부도체와 반도체는 밴드갭띠 간격이 있지만, 도체의 경우 원자가 띠가 모두 채워져 있지 않고, 원자가 띠 일부만을 전자들이 채운다. 그래서 밴드갭띠 간격의 유무로 도체와 부도체/

반도체를 구분할 수 있다.

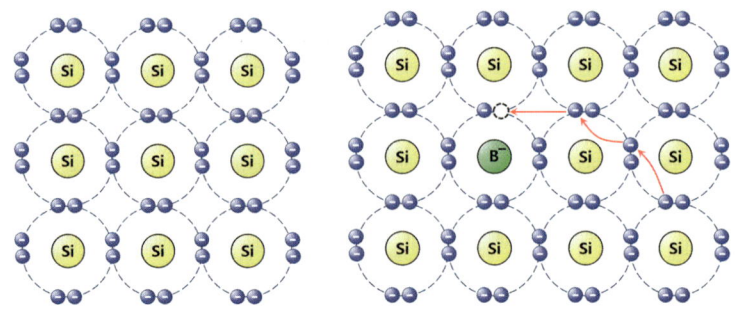

그림 2-27 (왼쪽) 규소의 격자 구조를 2차원 평면으로 표현한 도식도. 규소원자는 주위의 규소원자 4개와 공유결합을 하며, 자유롭게 움직일 수 있는 전자는 없다. (오른쪽) 붕소가 도핑된 규소격자. 중심에 있는 붕소는 주위 원자들로부터 전자 1개를 받아서 4개의 공유결합을 한다. 결과적으로 자유롭게 움직일 수 있는 양공 1개가 생성되었다.

규소는 14족 원소이며 4개의 원자가전자를 가지고 있다. 규소의 원자가전자 4개가 모두 주위 규소 원자들과 공유결합하면, 자유롭게 움직일 수 있는 전하 전자 또는 양공의 수는 0이 된다 그림 2-27 왼쪽. 규소의 전기적 특성을 바꾸려면 불순물을 조금 첨가하여 규소의 전기적 특성을 바꿀 수 있다. 이 방법을 도핑 doping[4] 이라고 부르며, 규소

[4] 반도체의 전기적 특성을 제어하기 위하여, 원래의 반도체에 소량의 다른 원소를 첨가하는 과정을 도핑이라고 한다. 반도체는 도핑을 통해 자유전자의 수와 양공의 수를 조절할 수 있다. 즉 반도체의 전도성은 도핑으로 쉽게 조절할 수 있다. 저항 측면에서 설명하면 도핑을 통해 반도체의 저항을 바꿀 수 있다.

의 전기적 특성을 바꾸는 방법은 2가지가 있다그림 2-27 오른쪽. 먼저 14족보다 족 번호가 작은 원소, 예를 들어 13족 원소인 붕소B를 규소에 넣어줄 수 있다. 붕소는 원자가전자 3개를 가지고 있어서 3개의 공유결합을 할 수 있지만, 붕소가 전자 한 개를 얻어서 주위 규소 원자 4개와 공유결합한다고 생각하면 붕소는 음이온이 되고, 결과적으로 양공hole, 양의 전하를 띠고 있고 '홀'이라고도 부른다이 1개 생긴 것으로 간주할 수 있다. 주기율표에서 13족 원소를 도핑하면 규소는 p-타입positive type이 되며, 양공이 움직이면 전기가 흐르게 된다.

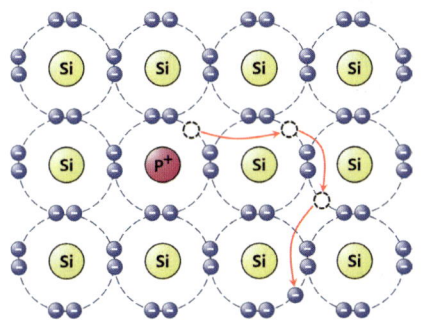

그림 2-28 인(P)이 도핑된 규소. 중심의 인원자는 전자 한 개를 방출하고 주위 규소 원자 4개와 공유결합을 한다. 결과적으로 자유롭게 움직일 수 있는 전자 1개가 생성되었다.

이번에는 규소에 15족 원소인 인P을 소량 넣어 준다. 인의 최외각 전자는 5개이다. 인 원자가 이온화되어 주위에 하나의 전자를 주면 인의 원자가전자 수는 4개로 줄어들며, 이 4개의 원자가전자가 주위의 규소 원자들과 공유결합한다. 그러면 인 원자에서 이탈한 전자 1개가 자유롭게 움직일 수 있어서, 15족 원소가 도핑되면 n-타입 negative type이라고 부른다. p-타입과 n-타입 모두 전기적으로는 중성이어서 손으로 만져도 감전되지 않는다. 상대적으로 p-타입에는 양공이 많아서 전기적으로 양성, n-타입에는 전자가 많아서 전기적으로 음성이라고 부른다.[5] 만약 두 물체를 접합시키면 p-타입 쪽에는 양공의 농도가 높고, n-타입에는 전자의 농도가 높아서 서로 반대 방

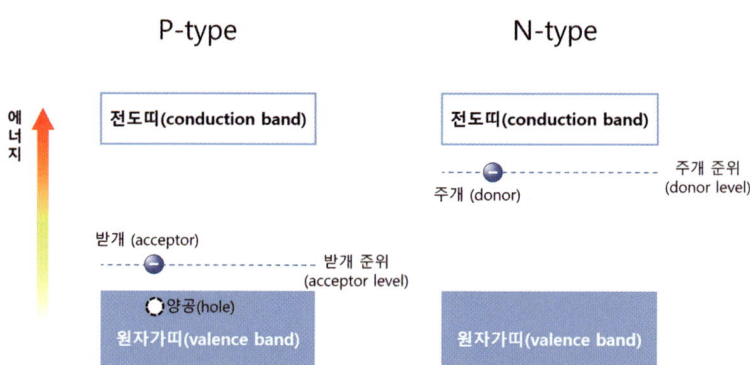

그림 2-29 (왼쪽) p-타입으로 도핑된 규소의 밴드 다이어그램. 원자가 띠에 있는 전자 한 개가 받개 준위로 올라가면서, 원자가 띠에 양공 1개가 생성되었다. (오른쪽) n-타입으로 도핑된 규소의 밴드 다이어그램. 띠간격 사이, 전도띠에 가까운 곳에 주개 준위가 생긴다. 이때 전자 1개가 주개 준위를 차지한다. 주개 준위와 전도띠 사이의 에너지 간격은 아주 작아서, 주개 준위에 있는 전자는 쉽게 전도띠로 올라갈 수 있다.

5   도핑과 관계없이 상온에서 규소에 포함된 양공의 농도와 전자의 농도 곱은 $2.1 \times 10^{20}/cm^6$이다.

향을 향하여 움직이게 된다.

　도핑을 에너지 밴드 측면에서 살펴볼 수도 있다. 먼저 규소는 밴드갭이 있어서 원자가 띠에 있는 전자들이 위쪽에 있는 전도띠로 쉽게 움직일 수 없다. 원자가 띠에는 전자들이 모두 채워져 있어서, 전자들이 움직일 수 없어 전기가 통하지 않는다. 전기가 흐를 수 있게 하려면 2가지 방법이 있다. 원자가 띠에서 전하가 움직일 수 있도록 양공을 만들거나 그림 2-29 왼쪽, 전도띠에 전자의 수가 많아지면 된다. 먼저 붕소와 같이 규소보다 원자가전자가 적은 원소들이 도핑되면, 도핑된 원자는 주위로부터 전자를 하나 받아 이온화되면서 양공이 생성된다. 이때 밴드갭의 아랫부분에 받개 준위 acceptor level가 생기며, 받개 준위와 원자가 띠 사이의 에너지 간격이 작아서 전자들이 쉽게 받개 준위로 올라갈 수 있다. 반대로 인과 같이 규소보다 원자가전자 수가 큰 원소들을 도핑하면 도핑된 원자가 이온화되면서 밴드갭과 전도띠 사이에 주개 준위 donor level가 생기며, 이곳에 전자가 채워진다 그림 2-29 오른쪽. 주개 준위와 전도띠 사이의 에너지 간격이 작아서, 주개 준위에 있는 전자들은 쉽게 전도띠로 전이할 수 있다. 결론적으로 도핑을 통해서, 밴드갭 사이에 주개 준위와 받개 준위에 채워지는 전자 수가 늘어나서, 원자가 띠와 전도띠에서 움직일 수 있는 전하의 수가 증가하여, 도핑된 규소는 도핑되지 않은 규소보다 훨씬 전기 전도도 electrical conductivity가 높다. 즉 전류가 훨씬 잘 통한다.

　앞에서 도핑을 통해 규소를 p-타입이나 n-타입으로 전기적 성질

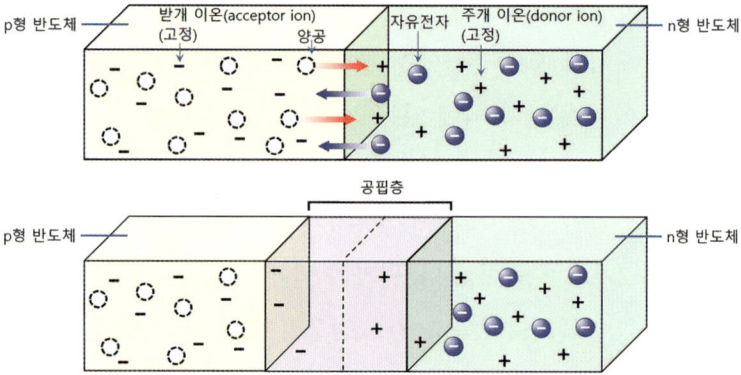

그림 2-30 (위) p-타입과 n-타입을 접합시키면 p-타입에 있는 양공은 n-타입으로 움직이려고 하고, n-타입에 있는 전자들은 p-타입으로 움직인다. 이때 모든 양공과 전자가 상대방향으로 움직이는 것은 아니다. 접합면에 가까이 있는 양공과 전자들이 움직인다. (아래) 접합 후, 접합면을 통해 양공과 전자들이 상대방향으로 움직이면서, 결과적으로 접합면 부근에서는 양공과 전자 모두 없는 공핍층이 형성된다. 공핍층에서는 자유롭게 움직일 수 있는 양공이나 전자가 없다.

을 바꾸는 것을 살펴보았다. 이때 p-타입과 n-타입을 접합시키면 어떤 일이 생길까? p-타입의 양공은 n-타입으로 이동하고, n-타입의 전자는 p-타입 방향으로 움직이게 되며, 접합 부분에서는 양공과 전자가 없는 영역이 생긴다. 이곳을 공핍층 depletion region. 그림 2-30이라고 부른다. 공핍층에는 공간전하 space charge가 형성되어 있으며, 이런 이유로 공핍층을 공간전하층 space-charge region, SCR으로 부르기도 한다.

PN 접합 양쪽 끝에 전압을 걸어준다 (P에 '+', N에 '-'를 걸어줌). P쪽에는 있는 양공은 전극에 걸린 '+' 전압으로 인하여 척력 때문에 N쪽

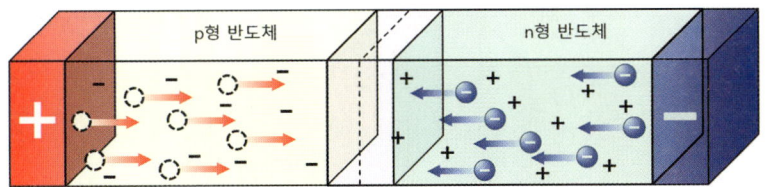

그림 2-31 PN다이오드에 순방향 바이어스가 걸렸을 때 전자와 정공의 움직임. 순방향 바이어스가 걸리면, p-타입에 있는 양공은 - 전극으로 움직이고, n-타입에 있는 전자들은 + 전극쪽으로 움직인다. 결과적으로 공핍층의 두께가 얇아져서 양공과 전자 모두 쉽게 움직일 수 있어서, + 전극에서 - 전극방향으로 공핍층을 가로질러 전류가 흐른다.

전극 -으로 이동하게 되며, N쪽에 있던 전자들은 P 쪽 전극(+)으로 움직이게 된다. 결과적으로 PN 양쪽에 +, - 전압을 걸어 주면 양공은 P에서 N쪽으로, 전자는 N에서 P쪽으로 움직이며, 결과적으로 공핍층 두께는 얇아지고 전류가 흐르게 된다. 이것을 순방향 바이어스 forward bias라고 부른다.

반대로 P의 전극에 음의 전압(-)을 가하고 N의 전극에 양의 전압(+)을 가하면 P쪽에 있던 양공들은 P의 전극 쪽으로 이동하고, N쪽의 전자들은 N의 전극으로 움직인다. 전류가 흐르려면 P의 양공들이 N으로, N의 전자들이 P로 이동해야 한다. 그러나 전압을 반대로 걸어주면 양공은 P의 전극 근처로, 전자는 N의 전극 근처로 이동하게 되어 전류가 흐르지 못한다. 이것을 역방향 바이어스 reverse bias라고 부른다.[6] PN 다이오드에서 순방향 바이어스에서는 전류가 흐르지만, 역방향 바이어스에서는 전류가 흐르지 않는다.

원자부터 반도체까지

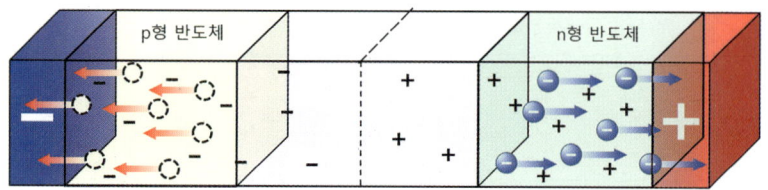

그림 2-32 PN다이오드에 역방향 바이어스가 걸렸을 때 전자와 정공의 움직임. 역방향 바이어스가 걸리면, p-타입에 있는 양공은 바로 뒤에 있는 - 전극으로 움직이고, n-타입에 있는 전자들도 바로 뒤쪽에 있는 + 전극쪽으로 움직인다. 결과적으로 공핍층의 두께가 두꺼워진다. 양공과 전자 모두 공핍층을 가로질러 움직이려고 하지 않는다. 결과적으로 전류가 흐르지 않는다.

다이오드는 기본적으로 정류작용을 하고 스위치 역할을 한다. 정류작용을 통해 교류를 직류로 바꿀 수 있으며, 스위치 역할을 할 수 있다. 다이오드 구조를 갖는 소자에는 태양전지와 발광다이오드 Light Emitting Diode, LED도 있다. 태양전지의 공핍층에 빛이 흡수되면 전자와 양공이 생성되며 결과적으로 전류가 흐른다. 태양전지는 빛을 전기로 바꾸어주는 소자이다. 발광다이오드의 양쪽 전극에 전자와 양공을 주입하면, 전자와 양공이 발광다이오드 안에서 만나면서 빛을 방출한다. 발광다이오드는 전기를 빛으로 바꾸어주는 소자이다. 다이오드 구조를 확장한 형태로써 다이오드 양 끝에 서로 다른 반도체를 접합하면, npn이나 pnp와 같은 구조의 소자를 만들 수 있

---

6   더욱 자세한 설명을 하려면 규소의 밴드갭과 밴드구조를 이용하여 설명해야 한다.

다. 이 소자를 트랜지스터라고 하며, 트랜지스터는 신호를 증폭할 수 있고 스위치 역할을 하기도 한다.

길이

운동경기를 하는 공간과 관중을 수용하기 위한 넓은 좌석을 결합한 장소를 스타디움이라고 부른다. 이 이름은 고대 그리스에서 사용했던 길이의 측정 단위인 스타드 stade, 복수형 stadium 에서 유래한 것으로, 원래 그리스 육상 경주의 거리 약 185미터 를 뜻한다. 고대 로마에서도 길이를 측정하는 단위로 밀레 파수스 mille passus 를 사용하였다. 밀레 mille 는 1,000, 파수스 passus 는 걸음을 나타낸다. 영어에서의 보폭 pace 이 파수스에서 나왔다. 로마의 1밀레 파수스 mille passus 는 1,000걸음을 의미하는데, 로마인들은 오른발로 걸은 길이 즉 두 걸음 을 한 걸음으로 계산했다. 로마의 1밀레 파수스는 약 4,860피트 약 1,480미터 가 된다. 고대 이집트에서는 팔꿈치에서 가운뎃손가락까지의 길이를 큐빗 cubit 이라고

정하여 사용했었다. 이것 외에도 신체 부위인 손의 길이, 발의 길이 또는 코에서 엄지손가락 끝까지의 거리를 사용하기도 했지만, 표준화되지 않아서 혼동이 생기는 경우가 많았다.

현대적인 측정 단위의 표준화는 프랑스에서 시작되었다. 1666년 루이 14세는 프랑스 과학 아카데미를 설립한다. 절대왕정을 대표하는 인물인 루이 14세는 재위 기간에 끊임없이 많은 전쟁을 통해, 프랑스를 유럽의 패권국으로 만든 인물이었다. 프랑스는 유럽의 중심이었고 과학 측정 기준이나 교역의 기준을 프랑스 중심으로 바꿀 필요가 있었다. 이점은 중국을 통일한 진나라의 시황제와도 비슷하다. 당시 프랑스는 수학과 과학이 가장 발달한 나라였고 경제적으로도 가장 부유한 국가였다. 더구나 무역과 상업이 발달하였고 유럽 내에서뿐만 아니라, 해외 식민지와의 교역을 위해 측정 단위를 표준화할 필요가 있었다. 루이 14세는 프랑스 과학 아카데미를 설립하여, 과학 기술을 발전시키면서 측정 단위에 대한 표준화를 모색했다. 그러던 중 18세기에 프랑스대혁명이 발생한다. 프랑스 혁명 시기인 1791년, 프랑스 국회는 프랑스 과학 아카데미와 다른 과학자들이 개발한 미터법을 채택했다. 미터법은 십진법을 기반으로 하며, 길이를 표준화하기 위해 지구의 둘레를 이용한다. 적도에서 북극까지의 거리를 천만 등분하여 이 길이를 미터m로 정했다. 미터법은 이후, 진공 중에서 빛이 1/299,792,458초 동안 이동한 거리로 다시 수정되어 사용되고 있다. Δv_{Cs} 진공 상태에서의 빛의 속도를 c 299,792,458m/s와 세슘 원자의 흡수 방출 주파수를 이용하여 표현하면 다음 식과 같다.

$$1m = \frac{9{,}192{,}631{,}770}{299{,}792{,}458} \frac{c}{\Delta v_{Cs}}$$

3부

역학의 탄생

시간의 흐름을 상기시켜주는 계절은 봄이다. 봄이 되면 겨우내 잠들었던 식물들이 깨어난다. 봄꽃을 보면서 겨울과 달라진 모습에 시간이 흐른 것을 깨닫게 된다. 봄꽃 중에서도 사람들을 들뜨게 하고 새로운 희망에 부풀게 하는 꽃은 벚꽃이다. 산과 하천에 만발한 벚꽃, 바람이 불 때마다 흩날리는 벚꽃잎을 바라보고 있노라면 몽환상태에 빠지기도 한다. 벚꽃의 낙하 속력은 초속 5센티미터로 항간에는 알려져 있다. 초속 5센티미터는 상당히 느린 속력이다. 실제 벚꽃잎은 1초에 수십 센티미터를 낙하한다. 아마도 초속 5센티미터는 일본의 애니메이션 작품 제목으로 인하여 잘못 알려진 정보일 것이다. 봄바람에 벚꽃잎이 흩날리는 것이 비단 어제 오늘의 일은 아니다. 또한 봄을 알려주는 것이 단지 벚꽃만은 아니다. 봄이 되면 민들레 홀씨를 불어본 경험이 있을 것이다. 또한 송화가루가 바람을 타고 산과 들을 온통 노란빛으로 물들이는 것을 해마다 봄이 되면 볼 수 있다. 봄만 되면 사람들의 마음은 아주 천천히 움직이는 것 같다. 벚꽃, 민들레 홀씨, 송화가루, 이들 모두는 가볍다. 가벼운 꽃잎의 낙하는 사람들이 부지불식간에 가벼운 것은 천천히 떨어진다고 생각하게 만든다. 고대 그리스에서 시작된 '무거운 것은 빨리 낙하하고, 가벼운 것은 천천히 떨어진다는 생각'은 오랫동안 사람들의 사고를 붙잡고 있었다. 작은 조약돌과 동전을 동시에 떨어뜨린다면, 지면에 거의 동시에 도달하는 것을 확인할 수 있었지만,[1] 고대 그리스 시대부터 중세 르네상스 시기까지 사람들은 이런 시도를 하지 않고 단순하게 아리스토텔레스의 과학관을 믿으며 살았다. 오늘날 사람들의 시점에서 어찌 이런 일이 가능하겠냐고 반문할 수 있지만, 앞에서 언급했던 땅이 평평하다고 믿고 살아도 살아가는데 아무런 어려움이 없는 것과 같이, 사고방식을 바꾸지 않고 사는 것이 생활에서 큰 불편이 없다면 사람들이 굳이 불편을 감수하면서까지 사고방식을 바꾸지 않는다.

과학계에서 있었던 중요한 사고의 전환 paradigm shift 중에서 대표적인 예가 아리스토텔레스 역학에서 뉴턴 역학으로의 전환이다.

뉴턴의 역학은 어쩌면 우연의 연속 중에서 벌어진 사건일 수도 있다. 원하는 대학에 떨어지고, 페스트가 창궐하는 상황 속에서 당시 과학자들 사이에서 통용되던 힘에 대해 고민한 결과, 뉴턴 역학이 완성되었다.

---

[1] 물체를 들고 있는 손의 끈적임, 약간의 높이차 등으로 낙하 시간에서 약간의 차이가 생길 수는 있지만, 이것을 눈으로 인지할 만큼 큰 오차가 발생하지는 않는다.

　뉴턴 역학에서 미래의 어떤 시점에서 일어나는 모든 일은 현재 일어나는 일에 의해 결정되고, 나아가 현재의 모든 일은 과거의 어떤 시점에서 일어난 일에 의해 완전히 결정된다는 것을 암시하기 때문에 뉴턴 역학은 결정론적 세계관을 대변해준다. 뉴턴 역학은 근대 과학을 대표하는 동시에 결정론적 세계관을 과학자들의 머릿속에 심어버렸다.

　사과는 인류 문명에 많은 영향을 주었다. 아담과 하와는 금지된 선악과를 먹었고, 이후 아담의 후손인 남자들의 목에는 아담의 사과라고 불리는 후두융기 Adam's apple가 생겼다. 트로이의 왕자 파리스는 황금사과를 아프로디테에게 주었고 결과적으로 트로이전쟁이 발발했다. 파리스가 준 사과에서 분쟁의 씨앗 The apple of discord이

라는 표현이 유래했다. 빌헬름 텔Wilhelm Tell은 아들 머리 위에 놓인 사과를 석궁으로 맞추었다. 뉴턴은 나무에서 떨어지는 사과를 보면서 만유인력을 발견했다고 전해진다. 후기인상파 화가인 세잔은 사과를 그리면서 시대를 초월한 사과의 참모습을 찾으려고 했다. 헤밍

웨이는 《누구를 위하여 종을 울리나》에서, 과거의 추억과 향수를 불러일으키는 독특한 향기로서 조나단 사과Jonathan apple, 홍옥를 언급했다. 튜링Alan Turing, 1912-1954은 독이 든 사과를 먹고 생을 마감했다. 록밴드 비틀즈The Beatles는 1968년 애플 레코드Apple Records를 설립했다. 잡스Steve Jobs, 1955-2011는 사과를 로고logo로 한 애플사를 만들었다. 어쩌면 독자 여러분은 후식으로 애플파이를 먹으면서 이 책을 읽고 있을 수도 있다. 여기에서 표현된 사과 중에서 가장 잘 알려진 건 뉴턴의 사과다. 사실 뉴턴이 사과나무를 보고 만유인력을 발견했다는 것은 확실하지 않다. 뉴턴의 고향인 링컨셔Lincolnshire에 있는 사과나무의 수령이 약 350년 정도 된다고 하지만, 이 나무가 실제

뉴턴에게 영감을 주었는지는 확실하지 않다. 이 나무의 후손이 케임브리지대학에 심겨졌다.

운동물체의 위치나 속도와 같은 초기 조건을 주면 뉴턴 역학을 이용하여 운동을 예측할 수 있다. 하지만, 초기 조건에 아주 민감한 시스템에서는 초기 조건이 조금만 바뀌어도 결과가 아주 복잡해지고 예측할 수 없는 현상이 일어나기도 한다. 이러한 현상을 다루는 것이 카오스 이론이다. 카오스 이론은 결정론적 시스템도 시간이 지남에 따라 예측할 수 없는 복잡한 행동을 드러낼 수 있음을 보여준다.

'거인들의 어깨 위에 서서 Standing on the shoulders of giants'라는 문구가 있다. 이 문구와 비슷한 표현이 많이 사용되었지만, 이 문구로 유명한 인물이 뉴턴이다. 뉴턴이 동시대 과학자였던 훅 Robert Hooke, 1635 – 1703 에게 보낸 편지의 문구 "What Des Cartes did was a good step. You have added much several ways, & especially in taking the colours of

thin plates into philosophical consideration. If I have seen further it is by standing on the shoulders of Giants."에서 많이 인용되고 있다[2]. 대체로 마지막 문장을 "여러 선배 과학자들의 업적 덕분에, 내가 더 멀리 볼 수 있었다_{선배 과학자들의 업적이 있었기에, 내가 이런 업적을 이룬 것이다}."라고 해석한다. 물론, 훅과 뉴턴이 단순한 경쟁 관계는 아니었기에 뉴턴이 어떤 의도를 가지고 이 표현을 썼는지는 명확하지 않다. 하지만 뉴턴은 갈릴레이 Galileo Galilei, 1564 – 1642, 케플러 Johannes Kepler, 1571 – 1630, 코페르니쿠스 Nicolaus Copernicus, 1473 – 1543의 연구 덕분에 자신이 만유인력을 발견할 수 있었다는 것을 이야기하고 싶었던 것 같다. 결국 뉴턴의 역학은 과학에서 새로운 사고의 전환이었고, 뉴턴 역학을 기반으로 산업혁명이 일어났다. 뉴턴 역학 이후 과학은 더욱 발달하게 되었고 19세기 패러데이와 맥스웰에 의한 전자기학의 확립은 인류를 전기문명으로 인도했다. 20세기 양자역학이 완성되면서 원자력의 시대에 돌입했다. 양자역학을 이을 새로운 역학이 완성된다면, 인류는 지금과는 또 다른 더 진보된 에너지를 사용하는 문명단계로 진입할 수 있을 것이다.

---

[2] H. W. Turnbull, A. R. Hall, J. F. Scott, and Laura Tilling, eds, The Correspondence of Isaac Newton, 7 vols (Cambridge, 1959 – 77).

대학의 설립:
칼리지의 시작

　　이탈리아 피사에는 기울어진 탑이 있다. 이 기울어진 탑을 '피사의 사탑'으로 부른다. 이 탑은 기울어진 독특한 형태로 유명해졌을까, 아니면 유명해진 후 기울어진 형태도 덩달아 알려진 것일까? 한 남자가 피사의 사탑에 사람들을 불러 놓고 공개 실험을 했다. 부피는 같지만 질량이 다른 2개의 구를 들고 있었다. 동시에 두 구를 떨어뜨리면 어느 것이 먼저 지면에 도달할까? 낙하지점 아래에는 금속판을 배치해 두었고, 구가 부딪힐 때 소리가 몇 번 울리는지 확인할 수 있었다. 실험 결과 한 번의 '쾅' 소리만 울렸다. 두 구가 동시에 떨어진 것이다. 질량과 관계없이 공기저항 무시 두 구가 똑같이 떨어진다는 것을 확인하였다.[1]

---

[1]　갈릴레이가 낙하 실험을 했는지는 확실하지 않다. 아마도 갈릴레이는 사고실험을 했을 것이지만, 이 이야기가 과장되다보니 피사의 사탑에서 낙하실험을 했다는 이야기가 생긴 것 같다.

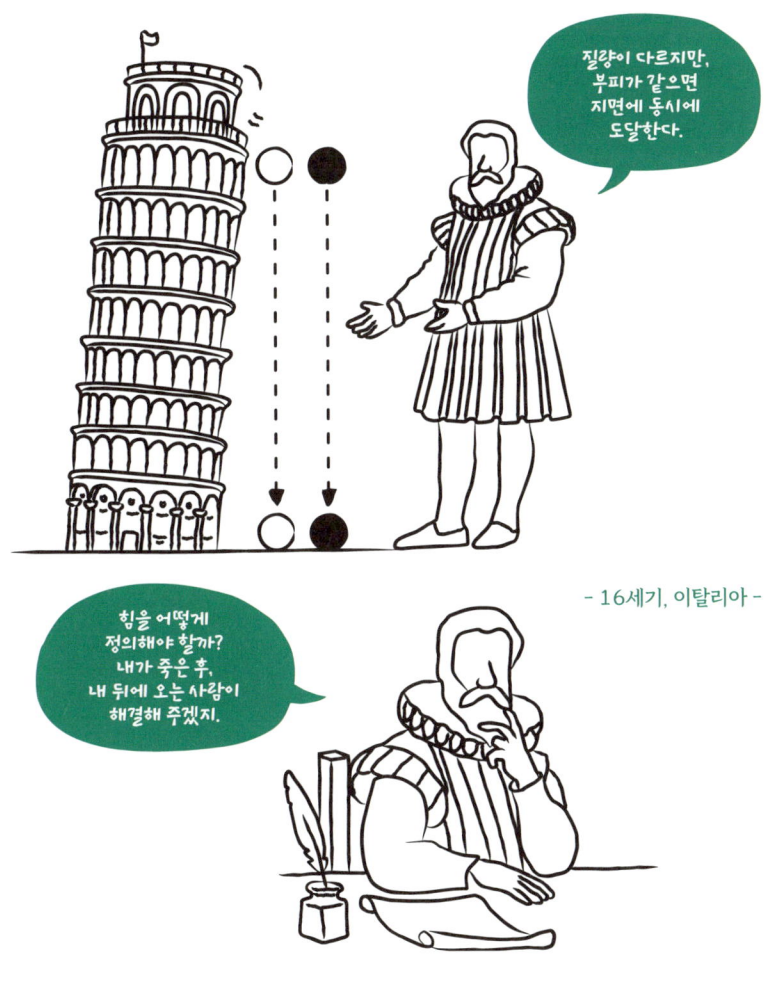

― 16세기, 이탈리아 ―

이 남자의 관심사는 '물체를 떨어지게 만드는 원동력은 무엇일까?'였다. 오늘날의 용어로는 '힘'이라 부르는 것을 알고 싶었다. 바로 이 남자가 종교재판을 마치고 나오면서 "그래도 지구는 돌아and yet it moves."[2]라고 말했던 갈릴레이였다. 갈릴레이를 통해 아리스토텔레스의 과학관은 하나씩 허물어졌고, 비로소 실험을 통해 자연현상을 설명하는 실험과학[3]이 생겨났다. 그러나 갈릴레이조차 설명하지 못했던 것이 있었다. 바로 '힘이란 무엇인가?'였다. 갈릴레이가 활동할 때 유럽 이곳저곳에 대학이 세워졌고, 대학은 연구의 중심지로 부상했다. 현대 과학의 출발이 대학으로부터 시작되었다고 해도 과언은 아니다. 유럽에서 대학은 어떻게 생겨난 것일까?

유럽에서 처음으로 설립된 대학은 이탈리아의 볼로냐 대학University of Bologna이고, 볼로냐 대학을 시작으로 유럽 전역에 대학교가 설립되었다.[4] 이것을 시작으로 대학은 르네상스 시대에 학문과 교육의 중심지가 되었다. 현대 과학과 긴밀한 관계가 있는 곳은 영국의 대학들이다. 유럽의 변방에 있는 영국의 대학에서 어떻게 현대 과학이 태동하게 되었는지 먼저 알아보자.

대학은 학문에 관심있는 사람들이 모여 살면서 시작되었다. 1200년 초반 영국 케임브리지 지역에 성요한병원St. John's hospital이 세워졌다.[5] 병원이라 불렸지만 오늘날의 병원과는 많은 면에서 달랐다.

[2] 갈릴레이가 이 말을 했다고 알려졌지만 명확한 근거가 없다.
[3] 가설을 세우고 실험이나 검증을 통해 원리를 밝히는 과학적 접근방식이다. 대표적으로 물리학, 화학 등이 있다.
[4] 최초의 대학은 859년 모로코의 페즈(Fez)에 세워졌으며, 이슬람 모스크이면서 동시에 교육하는 공간이었다. 볼로냐대학은 1088년 세워졌다.
[5] 오늘날 병원의 시초이다. 영국 케임브리지 대학교, 세인트존스 칼리지에 그 터가 남아있다.

그림 3-1 케임브리지 대학교, 피터하우스 칼리지 채플 전경

병든 환자들과 장애가 있는 사람들을 치료해 주는 곳이었다는 점에서는 오늘날의 병원과 비슷하다. 하지만 갈 곳 없는 사람들이나 노숙인들이 거주할 수도 있었고, 학문에 관심을 가진 신부들이 함께 머물면서 병원운영에 참여하거나 학문을 연구할 수도 있었다는 점에서는 오늘날의 병원과는 달랐다. 때마침 1209년 옥스퍼드에 있던 학자들이 케임브리지로 피신하면서, 이들 또한 병원에서 거주하였다. 자기들 본연의 임무인 학문연구를 하다 보니 자연스럽게 학문에 관심 있는 사람들이 병원으로 모여들기 시작했다.

병원에 다양한 부류의 사람들이 모여 있다 보니, 그들 사이에서 문제가 발생하기 시작했다. 주로 학문에 관심 있던 사람들과 나머지 사람들 노숙인과 병자들 사이에서 다툼이 발생했다. 학문을 연구하는 사람들의 관심사가 힘겹게 하루하루 살아가는 사람들의 고민과 같을 수는 없었을 것이다.

갈등을 중재하기 위해 1209년 케임브리지 근처 일리 Ely[6]의 주교가 병원에 거주하던 사람 중 학문에 관심을 가진 사람들이 공부할 수 있도록, 캠강 River Cam[7] 근처에 거주 시설을 만들었고, 이것을 케임브리지 대학의 시작으로 여긴다. 1231년 영국 왕 헨리 3세 Henry III, 1207 – 1272가 케임브리지에 대한 왕실 헌장을 발표했고, 마침내 1284년 케임브리지에서 피터하우스 칼리지 Peterhouse college가[8] 설립되었다.

대학이 설립되던 초기에 유럽에서는 작은 규모의 칼리지 형태로

---

[6] 장어(eel)가 많이 잡혀서 일리라고 이름 붙여진 지역이다.
[7] 케임브리지를 관통하여 흐르는 강으로, 강의 이름이 Cam(캠)이다.
[8] 공식 명칭은 Peterhouse이다. 공식 명칭에 College를 붙이지 않지만, Peterhouse를 모르는 사람들이 많아서 가끔 Peterhouse를 모텔이나 호텔로 생각하는 사람들이 있다. 이런 혼동을 피하려고, Peterhouse에 college를 붙여서 사용한다. 건물의 일부가 화재 이전의 모습으로 남아있다. 영국은 건물을 재건할 때 기존에 사용했던 건축자재 중에서 사용할 수 있는 부분을 최대한 다시 사용하려는 전통이 있어서, 이 칼리지의 건물 밑단 부분은 예전 1200년대 초기의 건축자재로 구성되어있다. 중세시대에 새로운 건물이나 기관을 만들 때 가장 널리 사용한 명칭이 베드로(Peter)이다. 도시의 경우 러시아의 상트 페테르부르크(St. Petersburg), 성당의 경우 성베드로성당이 대표적이다.

그림 3-2 피터하우스 칼리지 전경

대학이 설립되었다. 케임브리지와 옥스퍼드에 여러 칼리지들이 설립되면서 서로 합쳐지기도 했지만, 경쟁하며 세력 다툼을 벌이기도 했다. 그러나 산업혁명 이후 칼리지들이 같은 분야의 학문을 공동으로 연구 및 유지하기 위해 '학과'department를 만들어 운영하게 되었다. 당시 칼리지 체제를 해체하고 하나의 종합대학university으로 발전한 곳도 있지만, 칼리지 형태를 유지하면서 동시에 '학과'를 설립한 대학들도 있었다. 이 부분이 한국인들에게는 쉽게 이해되지 않을 것이다. 한국에서 칼리지대학는 단과대학 또는 전문대학으로 알려졌지만, 칼리지는 '종합대학'보다 작은 규모의 교육기관이다. 유럽과 미국에는 종합대학이 아닌 칼리지 중에서 유명한 대학이 여전히 많다. 대표적으로 아이비리그에 속하는 다트머스 대학Dartmouth College과 이화여대의 설립 모델인 웰즐리대학Wellesley College[9], 그리고 미국 메사추세츠에 있는 애머스트 대학Amherst College이 있다.

칼리지 간의 통합 움직임의 원동력은 '돈'과 '권력'이었다. 16세기에 영국에서 칼리지에 대대적으로 손을 댄 인물이 있었다. 바로 헨리 8세Henry VIII, 1491 - 1547였다. 헨리 8세는 이혼 문제로 가톨릭과 대립하는 과정에서 가톨릭에서 벗어나기 위해 국교회를 설립해 직접 수장에 오른다. 헨리 8세와 대척점에 있던 세력은 가톨릭이었다. 헨리 8세는 가톨릭과의 갈등 속에서 종교변화표면적으로를 이끌기 위해 가톨릭을 강하게 탄압했다. 가톨릭 성당을 폐쇄하고 가톨릭 수도원의 재산을 몰수하는 등 수많은 탄압이 헨리 8세 재위기간 잉글랜드 전역에서 이루어졌다.

헨리 8세는 영국 전역에 있던 많은 수도원을 해체하고, 수도원에 안치되어 있던 렐릭relic, 가톨릭 성인들의 유품, 유해을 없앴다. 헨리 8세는 가톨릭에 의해 세워진 성상icon, 아이콘을 파괴한 인물로 알려졌지만, 영국에서의 성상 파괴는 그의 아들인 에드워드 6세Edward VI, 1537 - 1553[10]에 의해 이루어졌다. 헨리 8세가 전심으로 했던 일은 렐릭을

---

[9] 미국에 세워진 최초의 여성대학으로 영화 '모나리자 스마일'(Mona Lisa Smile)의 배경이 된 곳이다.

[10] 마크 트웨인의 소설 《왕자와 거지》의 모델

불태우는 일이었다. 성상은 주로 조각과 그림으로 표현되어 우상숭배의 대상이라고 여겨지기도 했지만, 중세의 높은 문맹률을 고려해 본다면 성경을 읽지 못하는 사람들에게 성경을 효과적으로 가르치는 방법으로서 성상을 활용하는 것은 어느 정도 허용되는 분위기였다. 반면 렐릭의 경우 그 부작용이 심각하여 허용하기 어려운 수준이었다. 성인의 유품이나 유해 일부가 신앙심을 키우는 데 도움이 된다면 어느 정도의 선에서 묵인할 수 있었겠지만, 헨리 8세 당시 유럽 전체에서 수도원 간 또는 성당 간 렐릭 거래가 횡행했다. 심지어 수도사들이 렐릭을 훔치는 일까지 벌어졌고, 렐릭의 부작용으로 자연을 두려워하며 자연현상을 신의 뜻으로 해석하는 풍토가 만연해 있었다. 그 결과 자연현상을 이성적으로 이해하려는 과학자들은 이교도 또는 신에게 도전하는 자로 간주되었다. 렐릭의 파괴는 단순히 헨리 8세가 로마 가톨릭교회와 결별하고 영국 내에서 종교를 왕실의 통제에 두려는 측면도 있었지만, 영국 내에서 로마 가톨릭교회의 영향력을 상당히 약화시켜서 사상의 자유가 생겨날 수 있게 만들어 준 계기가 되었다.

당시 케임브리지의 일부 칼리지들은 가톨릭의 후원을 받거나 사제들에 의해 운영되고 있었다. 카톨릭의 후원을 받는 칼리지들 역시 가톨릭의 지지 세력이었다. 이러한 상황을 방관할 수 없었던 헨리 8세는 케임브리지에 있던 가톨릭 칼리지들의 자산을 몰수해 버렸다. 더 나아가 케임브리지에 있던 가톨릭을 지지하는 두 개의 칼리지를 없애 버리고 두 개의 칼리지를 합쳐 새로운 칼리지로 만들었다.[11] 심지어 서로 떨어져 있던 칼리지 건물들을 이어붙이기까지 했다. 그래서 날씨가 좋을 때는 칼리지 건물 지붕에 이어붙인 선명한 표시를 볼 수도 있다. 이렇게 탄생한 곳이 트리니티 칼리지Trinity college이다.

우여곡절 끝에 탄생한 트리니티 칼리지는 그 당시 역사가 짧고 평판이 좋지 않아서 학생들이 선호하지 않는 곳이었다. 헨리 8세의 노력으로 칼리지들이 종교가톨릭 교회적 영향력으로부터 점점 벗어났고, 대학 내에서 학문적 연구 분위기가 넘쳐나게 되었다. 즉, 자연현상을 신의 섭리로 여기는 것이 아니라, 이성적 분석을 통해 원인을 알아내려는 시도가 이루어지기 시작했다.

비슷한 시기, 유럽 대륙에서는 갈릴레이가 종교재판을 받고 있었다. 태양이 지구 주위를 돌고 있다는 내용이 성경에 나와 있지 않았지만, 당시 가톨릭 교황청은 천동설을 믿고 있었다. 이런 상황에서 지동설을 주장하는 것은 교황청에 대한 도전, 나아가서는 신에 대한 도전으로 여겨졌고 교황청과 상반된 주장은 받아들여지지 않았다.

갈릴레이 이전에 코페르니쿠스가 지동설을 생각했지만 교황청과의 관계로 침묵할 수밖에 없었다. 교황청이 위치한 로마로부터 가까운 지역에서는 교황청으로부터 많은 간섭을 받았고, 반대로 로마에서 멀리 떨어진 지역에서는 교황청의 지배력이 약하거나, 심지어 교황청의 통제로부터 자유로울 수 있었다. 당시 교황청과 다른 생각을 하던 사람들은 유럽의 변두리 지역에 머물거나 로마로부터 멀리 떨

11   마이클하우스 칼리지(Michaelhouse college), 킹스홀 칼리지(Kings hall college).

어진 영국에서 활동할 수밖에 없었다. 영국은 유럽 대륙과 연결되어 있지 않아 교황청의 영향력이 다른 유럽지역보다 적은 편이었고, 종교개혁을 주도하던 프로테스탄트가 많았던 스코틀랜드와도 가까워서 새로운 것을 시도해 보기 좋은 장소였다. 영국만큼이나 로마로부터 멀리 떨어진 곳이 이베리아반도이다. 이베리아반도에 있는 스페인은 아메리카 대륙 발견 후, 식민지로부터 들어오는 막대한 재화로 엄청난 번영을 누렸지만, 페르디난드 2세와 이사벨라 여왕을 비롯한 지배 계층이 로마 교황청을 옹호하면서, 스페인에서 로마 가톨릭과 반대되는 사상은 허락되지 않았다. 더군다나 이베리아반도는 로마로부터 멀리 떨어져 있었지만, 지중해를 통해 배로 왕래가 잦았던 곳이었다. 반면, 로마에서 영국으로 여행하려면 로마로부터 프랑스 북부까지 육로를 통해 움직이고, 프랑스 북부에서 배로 항해해야 영국에 도달할 수 있었다. 로마에서 떨어진 거리는 영국이나 스페인이나 비슷하지만, 스페인의 경우 며칠 내에 로마에 도달할 수 있었고, 영국의 경우 상당히 오랜 시간이 걸렸다. 이런 이유로 당시 유럽에서 새로운 사상을 연구하기 좋은 곳이 영국이었다.

헨리 8세 사후, 그의 아들 에드워드 6세는 마르틴 부처 Martin Bucer, 1491 - 1551 목사를 케임브리지에 초빙한다. 마르틴 부처 목사는 존 칼빈 John Calvin, 1509 - 1564 이 교황청으로부터 파문당하여 유랑하고 있던 시절 제네바로 초청하여 신학을 계속할 수 있도록 도와준 사람이다. 에드워드 6세는 부처 목사로 하여금 장로교 교리에 기반한 국교회 성공회 교리를 만들도록 지시하였다. 마틴 부처 목사는 스코틀랜드에 있던 많은 장로교 목사들과 함께 케임브리지에서 장로교에 기반한 성공회 교리를 만들었다. 반 교황청 분위기, 자유로운 사상 토론, 그리고 칼리지 개혁 등으로 케임브리지는 학문연구를 위한 최적의 장소로 변하게 된다. 게다가 영국의 신학자 윌리엄 오컴 William of Ockham, 1287 – 1347의 명제 '오컴의 면도날'을 적용해 자연현상을 이해하려는 움직임이 현대과학 출현의 기폭제가 되었다.

갈릴레이가 죽던 해 잉글랜드에서 그를 넘어설 한 인물이 태어났다. 바로 뉴턴이다. 뉴턴은 '트리니티 칼리지'에 사이저 sizar, 일종의 근로장학생로 입학했다. 예나 지금이나 케임브리지대학의 최고 칼리지로 '킹스칼리지'가 손꼽히지만, 뉴턴이 대학에 들어갈 당시에는 오로지 이튼칼리지 졸업생만 킹스 칼리지에 입학할 수 있었다. 케임브리지 대학에 입학하여 공부하던 중, 페스트가 창궐하는 바람에 뉴턴은 다시 집으로 돌아갈 수밖에 없었다. 이렇게 고향집에 머물며 연구를 이어가던 뉴턴의 시선이 문득 정원의 사과나무에 닿았다.

그즈음 케임브리지대학에는 샤워 시설이 없어서 수업이 진행되는 학기 동안에도 학생들이 씻기 힘든 상황이었다. 열악한 시설 때문에 학기를 마치면 방학과 동시에 집으로 돌아갈 수밖에 없었다. 학기는 미컬머스Michaelmas, 렌트Lent, 그리고 이스터Easter 이렇게 3학기로 운영되었고, 학기가 끝날 때마다 짧은 방학이 주어졌다. 학기는 최대 3달을 넘기지 않았다. 학기 중에는 샤워할 수 없어서 칼리지에 학생들이 몸을 씻을 수 있는 공간을 마련해 달라고 항의하던 사람들도 있었다. 대표적으로 시인 바이런 George Gordon Byron,

1788 - 1824은 이런 상황을 참지 못해 벌거벗은 상태로 트리니티 칼리지에 있는 분수에서 목욕하기도 했었다.

뉴턴의 관심사는 힘이었다. 힘을 어떻게 기술할 것인가가 그의 고민이었다. 당시 케임브리지는 뉴턴이 힘에 대해 고민할 수 있는 최적의 장소였던 것 같다. 뉴턴 이전에, 케플러는 태양이 행성을 끌어당겨서 행성이 운동한다는 이론을 제안했다. 또한 갈릴레이는 지구상에서 가속도가 물체의 질량에 관계없이 동일하다는 개념을 확립했다. 뉴턴은 그곳에서 고민을 거듭하며 역학의 체계를 잡아가게 되었다. 마침내 뉴턴은 그의 저서인 프린키피아Philosophiae Naturalis Principia Mathematica에서 만유인력을 수학적으로 증명하였다. 이때 케플러의 행성 운동법칙을 사용하여 두 물체 사이에 작용하는 만유인력으로 행성과 태양과의 관계를 수식적으로 보여주었고, 뉴턴의 운동법칙 3가지를 함께 기술하였다. 결과적으로 뉴턴의 운동법칙을 통해 물체의 움직임을 기술할 수 있었다. 이후, 라그랑주Joseph-Louis Lagrange, 1736 - 1813와 해밀턴William Rowan Hamilton, 1805 - 1865은 라그랑지안Lagrangian과 해밀토니안Hamiltonian을 도입하여 뉴턴 역학을 수학적으로 더 발전시켰다.

이렇게 완벽해 보였던 뉴턴 역학에도 문제점이 있었다. 뉴턴이 프린키피아에서 보여준 태양과 행성의 움직임에서, 질량과 처음 위치 그리고 처음 속도를 알고 있다면 행성의 궤도를 정확히 알아낼 수 있었다. 하지만 행성이 하나 더 추가되면 3개의 물체three body 혹은 삼체에서 중력이 작용하는 것과 이 결과를 이용하여 궤도를 찾기는 쉽지 않게 된다. 이것을 삼체문제three body problem[12]라고 부른다. 뉴턴도 삼체문제를 알고 있었다. 삼체문제를 해결하려고 많은 수학자가 달려들었지만 이렇다 할 해결책을 보여주지 못했다. 그러다 1887년 푸앵카레Jules Henri Poincare, 1854 – 1912가 일반해를 구할 수 없음을 증명하였으며, 삼체문제에 근거하여 혼돈이론chaos의 기초를 다졌다. 푸앵카레는 또한 로렌츠변환을 이용하여 물리법칙이 모든 관성 기준계에서 동일하게 적용되어야 하는 상대성원리를 수학적으로 다루었다. 푸앵카레의 접근법을 이용하여 아인슈타인은 특수상대성이론을 완성하였고, 이후 일반상대성이론을 발표하였다. 이 모든 것의 시작인 뉴턴 역학에 대해서 다음 장에서 간단하게 살펴보도록 하겠다.

---

[12] 소설 《삼체》의 제목이 삼체문제에서 따 온 것이다. 삼체는 혼돈, 즉 예측불가능성과 복잡성을 의미한다.

Learn more

- **지동설**

지동설을 주장한 최초의 인물은 고대 그리스의 아리스타르코스Aristarchus, BC 310 – BC 230다. 아리스타르코스는 월식을 관찰하여 달과 지구의 크기의 비를 구하였고, 이것을 이용하여 태양과 지구 사이의 거리와 지구와 달 사이의 거리의 비를 구했다. 에라토스테네스Eratosthenes of Cyrene, BC 274 – BC 196가 지구가 둥글다는 가정으로 남중하는 햇빛의 각도를 이용하여 지구의 크기를 구했을 때, 이 값을 이용하여 태양의 크기를 구한다. 결과적으로 태양의 크기는 지구보다 훨씬 컸으며, 태양이 지구 주위를 도는 것보다 지구가 태양 주위를 도는 것이 이치에 부합한다고 생각해 지동설을 주장한다. 아리스타르코스의 생각을 재발견한 사람이 바로 코페르니쿠스다.

뉴턴 역학

　　뉴턴이 역학을 발표하기 전까지 과학계는 아리스토텔레스의 영향력 아래에 있었다. 아리스토텔레스는 천체를 원운동으로 규정하였고, 땅 위의 물체는 낙하하는 경향이 있다고 했다. 밤하늘을 보면 별들이 북극성을 중심으로 일주운동 하는 것을 쉽게 볼 수 있다. 게다가 태양은 매일 아침 동쪽에서 떠서 서쪽으로 진다. 달의 운동도 마찬가지이다. 이렇게 눈에 보이는 현상을 두고 아리스토텔레스의 천체관이 잘못되었다고 주장하기는 어려웠다. 그런데 천체가 원운동을 하도록 만드는 원동력은 무엇일까? 처음부터 땅_{그 당시에는 지구라는 말을 사용하지 않았다}을 중심으로 태양이 원운동을 한다면 원운동을 하게 만드는 원동력을 설명해야 하지만 그런 설명은 없었다. 지구가 태양 주위를 원운동 하는 것과 태양이 지구 주위를 원운동 하는 것을 어떻게 구분할 수 있을까? 지금은 금성의 크기 변화를 관측하여, 지구와 태양계 행성들이 태양 주위를 공전한다는 것을 쉽게 설명할 수 있지만, 망원경이 없던 고대 그리스 시대에 금성의 크기 변화를 관측하는 것은 거의 불가능한 일이었다. 갈릴레이가 금성의 크기 변화를 망원경으로 확인하여 지구가 태양 주위를 공전한다는 사실을 알 수 있었지만, 갈릴레이조차 지구가 태양 주위를 회전하게 만드는 원동력을 설명할 수 없었다.

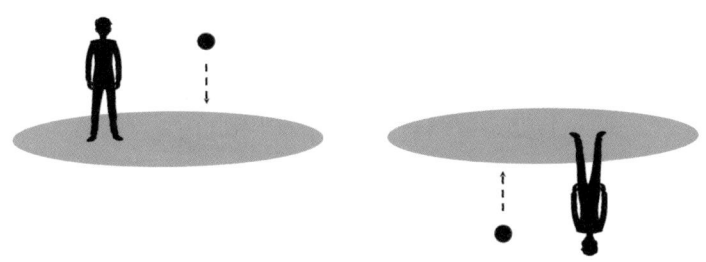

그림 3-3 중력이 없다면 땅 위에서 아래쪽으로 물체를 잡아당기는 것과 땅의 뒤편에서 땅 쪽으로 잡아당기는 것의 차이를 설명할 수 없다. 중력이 없다면 땅의 아래 면에 있어도 아래 방향으로 낙하하지 않는다. 아래로 떨어진다는 것은 아래 방향으로 힘이 작용한다는 것이다. 중력이 존재하지 않으면 지구상에서 물체는 둥둥 떠다니게 된다.

"지상의 물체는 지면으로 낙하하는 경향이 있다." 이것으로는 낙하 경향의 원동력을 설명할 수 없다. 그림 3-3에서 왼쪽은 우리에게 익숙하다. 모든 물체는 땅으로 떨어지려고 한다. 그런데 그림 3-3의 오른쪽에서도 모든 물체가 땅으로 떨어지려고 한다는 것이다. 그러나 이런 형태의 움직임을 당시 사람들은 받아들일 수 없었다. 그림

3-3의 오른쪽 상황에서, 물체와 사람은 그림의 아래쪽으로 떨어질 것으로 생각했다. 그래서 땅은 평평하고 바다 너머에는 낭떠러지가 있어서 낭떠러지에 도달하면 추락할 수 있다는 공포심에 중세인들이 사로잡혀있었다.

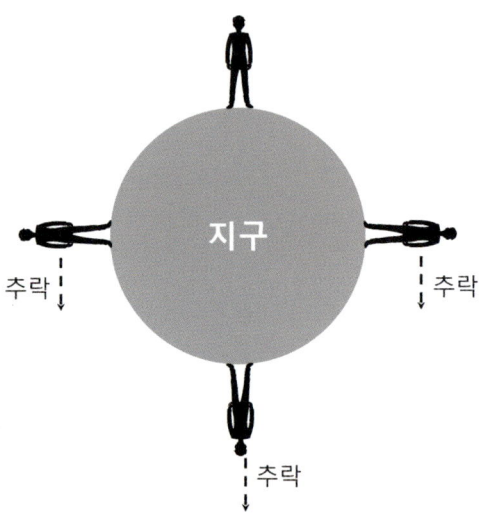

그림 3-4 중력이 없고 아래쪽으로 잡아당기는 힘이 있다고 가정하면, 북극에 있는 사람만 안정하고 나머지 지역에 있는 사람들은 모두 아래 방향으로 추락하게 된다.

그림 3-4는 지구 표면에 사람이 서 있는 모습을 보여 준다. 북극에 서 있는 사람은 떨어질 염려가 없지만, 적도나 남극 등에 있는 나머지 사람들은 전부 추락할 수밖에 없다. 중세인들에게 땅의 형태가 중요했던 이유는 땅이 둥글면 북극에 있는 사람들만 안전하게 살 수

있고, 나머지 지역의 사람들은 모두 아래로 떨어질 수밖에 없기 때문이었다. 그러나 모든 물체가 서로 잡아당긴다면 땅의 형태는 전혀 문제가 되지 않는다. 지구 어디에 있어도 지구와 물체는 서로 잡아당겨서 추락하지 않기 때문이다.

혜미   사과나 공을 떨어뜨리면 땅으로 떨어지는데, 만유인력이 있다면 지구도 움직여야 하는 것 아냐?

보민   지구와 사과가 서로 잡아당겨서 서로 움직이는 것이 맞아.

혜미   그런데 사과가 움직이는 것은 보이는데, 지구가 움직이는 것은 보이지 않아.

보민   질량 차가 너무 커서 그래. 사과의 질량을 대략 100g(0.1kg)이라고 해볼까. 지구의 질량은 약 6×10^{24} kg이거든. 질량비가 대략 $1:6 \times 10^{25}$이야. 질량 차가 이 정도면 지구는 정지해 있고 사과만 움직인다고 보면 되거든.

혜미   질량 차이가 크면 질량이 많이 나가는 물체는 정지해 있고, 질량이 적게 나가는 물체만 움직이는 것처럼 보인다는 거구나.

뉴턴이 트리니티 칼리지에 입학했을 당시, 모든 물체는 서로 잡아당긴다는 이야기가 과학자들 사이에 퍼져 있었다. 갈릴레이나 케플러에 의해 태양과 행성 간의 움직임이 연구되면서, 물체를 서로 잡아당기는 힘에 대한 논의가 본격적으로 진행되고 있었다. 어떤 현상을 과학적으로 설명하려면 반드시 정성적 특성과 정량적 특성을 모두 설명할 수 있어야 한다.

1. 물체들이 서로 잡아당긴다는 성질대로 태양과 행성이 서로 잡아당긴다면 무엇 때문에 이 두 물체는 서로 잡아당길까?
2. 그리고 잡아당기는 정도크기와 방향을 어떻게 표현할 수 있을까?

정지해 있는 물체를 표현할 수 있는 물리량으로 질량이 있다. 두 물체의 위치와 잡아당기는 힘이 관련되어 있다면, 두 물체 사이의 거리를 고려해야 한다. 두 물체 사이의 거리가 멀어지면 물리량의 강도는 거리 제곱에 반비례한다. 간단한 예로 촛불을 생각해보자. 촛불에서부터 멀리 떨어질수록 빛의 조도는 거리 제곱에 반비례한다. 이것을 역–제곱 법칙inverse-square law이라고 부른다. 이 법칙은 한 점으로부터 발생하는 물리량과 거리와의 관계를 설명해주며, 프랑스의 과학자 이스마엘 불라우Ismael Boulliau, 1605 – 1694가 1645년 발표했다. 두 물체의 질량M, m, 물체 사이의 거리r, 그리고 비례상수G를 사용하면 두 물체 사이의 힘F을 아래의 식으로 표현할 수 있다.

$$F = G \frac{Mm}{r^2}$$

질량이 있는 모든 물체에 이 힘을 적용하면, '모든 물체는 서로 잡아당기며, 잡아당기는 힘은 물체 사이 거리의 제곱에 반비례하고, 물체들의 질량에 각각 비례한다.' 이 힘을 만유인력[1] 또는 중력이라고 한다. 우리 주변에서 쉽게 경험할 수 있는 만유인력은 지구와 물체와의 만유인력이다. 지구 반지름은 대략 6,400km 정도이며 지구 질량과 비교하면 지표면에 있는 물체들의 질량은 상당히 작은 편이다. 만유인력의 식에서 비례상수, 지구의 질량, 지구와의 거리를 하나의 상수로 표현한다면, 중력은 $F=ma$로 간단하게 표현할 수 있다. 이 식에서 a는 가속도이며, 힘은 질량과 가속도의 곱으로 정의할 수 있다. 이것을 뉴턴의 가속도의 법칙이라고 부른다. 위의 식에서 지표면에서의 움직임에서는 가속도 a를 중력가속도($g \sim 9.8 m/s^2$)로 바꾸면, 물체에 작용하는 중력 $F=mg$로 표현할 수 있다.

헤미 모든 물체가 서로 잡아당긴다면, 너와 나 사이에도 중력이 작용하는 거야?

보민 당연하지. 너와 나 모두 질량이 있으니까. 우리 사이에 중력이 작용하고 있지.

헤미 그럼 BTS와 나 사이에도 중력이 작용하고 있겠구나! 어쩐지 BTS와 나 사이에 뭔가 있는 것 같았어. 하하하!

보민 질량이 있는 모든 물체 사이에는 중력이 작용해. 하지만 지구 질량이 $6 \times 10^{24} kg$이어서, 사람과 사람 사이의 중력은 아주 미미한 수준이야.

헤미 태양의 질량은 대략 지구 질량의 3.34×10^5배로 훨씬 크잖아. 그런데 왜

---

1 모든 힘은 쌍방 간에 작용하며 이것을 상호작용이라고 한다. 모든 물체간의 잡아당기는 힘을 만유인력으로 부르며, 일상에서 가장 많이 경험하는 지구와의 만유인력을 중력이라고 부른다. 영어로는 모두 gravity이다. 가끔 중력을 지표면에서 작용하는 힘과 혼동하기도 한다. 지표면에서는 지구와의 중력에, 지구의 자전으로 인한 원심력이 작용한다. 지구상의 물체에는 중력과 원심력이 작용하여, 물체에 작용하는 알짜힘은 중력과 크기와 방향이 조금씩 다르다.

사람이 태양에 끌려가지 않는 거야?

보민　지구와 태양 간의 거리가 약 1억 5천만km이고, 중력은 거리의 제곱에 반비례하지. 태양의 질량이 지구의 질량보다 훨씬 크지만, 너무 멀리 떨어져 있어서 사람과 태양 사이의 중력 크기보다 지구와 사람 사이의 중력이 훨씬 더 커. 그래서 사람이 태양에 끌려갈 걱정은 하지 않아도 돼.

헤미　그러면 우리가 어디에 있어도 태양에 끌려가지 않는다는 거야?

보민　지구상에 있을 때는 지구와 사람 사이의 중력이 커서 태양에 끌려가지 않지만, 지구에서 벗어난 우주 공간에서는 태양과의 중력에 의해 태양 쪽으로 끌려갈 수도 있어. 하지만 태양계에는 태양과 지구 말고도 많은 행성과 위성들이 있어서 모든 천체와 중력이 작용하고 있어. 중력에 의해 행성에 가까워질 수도 있고, 멀어질 수도 있어.

정지된 물체를 움직이려면 어떤 일이 발생해야 할까? 정지한 상태에서 일정한 속력이 될 때까지 가속되는 조건은 다양하다. 어떤 물체가 정지한 상태에서 1m/s에 도달할 때까지 등가속도 운동을 한다고 가정해보자. 직선상에서 등가속도 운동하는 물체의 속도와 가속도는 다음의 식을 따른다.

$$v(t) = at, a = 가속도, t = 시간$$

그림 3-5에서 속력이 1m/s에 도달하는 데 걸리는 시간은 가속도

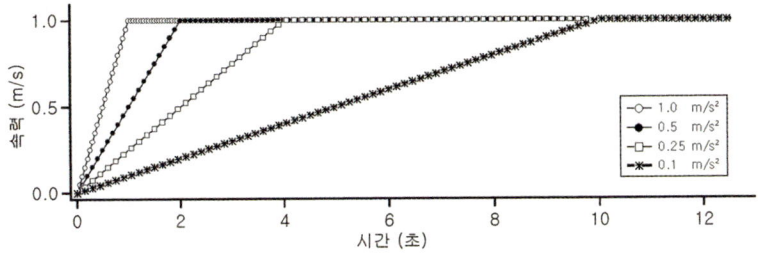

그림 3-5 일직선상에서 속력이 0에서 1m/s까지만 등가속도 운동을 하며, 이후 속력이 1m/s로 유지된다고 가정했을 때의 속력과 시간의 관계 그래프

의 크기에 따라 다르며, 가속도가 커질수록 1m/s에 도달하는 시간은 짧아진다. 그렇다면 같은 크기의 힘을 물체에 가했을 때 가속도는 어떻게 될까? $F=ma$를 생각해 보자. 일정한 크기의 힘을 물체에 가하면 물체의 질량이 클수록 가속도가 작아진다. 즉, 질량이 클수록 특정 속력에 도달하는 데 걸리는 시간이 길어진다. 간단한 예를 표 3-1에 정리하였다.

표 3-1은 정지 상태에서 1m/s에 도달하는 데 걸리는 시간을 나타낸 것이다. 정지 상태에서 등가속도 운동으로 1m/s에 도달하며, 가해지는 힘은 모두 같다100N고 가정하였다. 표를 살펴보면 질량이 커질수록 움직임이 쉽지 않고 시간이 오래 걸린다. 질량이 커질수록 관성이 커지는 이유다. 표 3-1에서는 산의 질량까지만 표시했지만, 지구와 사람의 질량을 비교한다면 사람의 질량은 지구의 질량에 비하면 미미할 정도로 작다. 만약 같은 힘이 지구와 사람에게 작용한다면 사람은 힘에 의해 움직이지만, 지구는 거의 움직이지 않고 가

표 3-1 100N의 힘이 가해질 때, 초속 1m에 도달하는 데 걸리는 시간. 질량이 커질수록 시간이 오래 걸린다.

종류	1m/s에 도달하는 데 걸리는 시간
총알 (~5g)	0.05밀리초(ms)
골프공 (~50g)	0.5밀리초(ms)
공 (1kg)	10밀리초(ms)
쌀 100kg	1초
트럭 (10t)	100초
언덕 (100t)	1,000초
산 (10,000t)	100,000초

만히 있게 된다. 이런 이유로 사람과 지구 모두 서로를 잡아당기지만, 지구는 가만히 있고 사람만 움직이는 것처럼 보인다. 정지한 물체$v=0$에 힘이 작용하지 않으면$F=0$ 물체는 그 상태를 유지하려 하고, 등속운동하고 있는 물체는 등속운동을 바꾸려면 힘이 필요하다. 만약 힘이 작용하지 않으면 정지해 있던 물체는 계속해서 정지해 있고, 등속운동하고 있는 물체는 계속해서 등속운동을 한다. 이것을 '관성'이라고 하며 뉴턴의 첫 번째 운동 법칙인 관성의 법칙은 다음과 같다.

"물체에 힘이 작용하지 않으면 알짜힘이 0이면 물체의 속도는 변하지 않는다 가속되지 않는다. 달리 말하면, 알짜힘이 0이면 정지해있는 물체는 정지 상태를 유지하고 운동 중인 물체는 일정한 속도로 운동을 유지한다."

관성은 정지된 물체는 계속 정지해 있으려 하고, 일정한 속도로 움직이는 물체는 계속 일정한 속도로 움직이려는 성질을 말한다. 더 간단하게 말하면 물체에 힘이 작용하지 않는 상태다. 즉, 물체가 가속도 운동을 하지 않는 상태이며, 정지해 있거나 일정한 속도로 움직이고 있어도 가속도가 0, 즉, 가해주는 힘이 0인 상태이다.

헤미   물리는 너무 어려운 것 같아. 어떻게 공부하면 좋을까?
보민   물리의 기초는 역학이야. 역학부터 시작하면 돼.
헤미   역학 자체가 너무 복잡하고 문제도 너무 어려워.
보민   뉴턴의 운동 법칙부터 공부해 봐. 뉴턴의 운동 법칙 중 제1 법칙을 관성의 법칙이라고 해.
헤미   관성이 뭐야?
보민   관성은 운동 변화에 대한 저항이야. 정지해 있는 물체는 움직이지 않으려 하고, 운동하고 있는 물체는 계속해서 운동 상태를 유지하려고 해.
헤미   관성은 물질의 성질을 의미하는 거야?
보민   운동 변화를 이야기하자면 질량을 가지고 이야기할 수 있어. 질량이 클수록 관성도 커지거든.

가속도의 법칙

　　뉴턴은 힘을 질량과 가속도의 곱으로 표현하였다. 가속도[1]는 시간에 따른 속도의 변화량이다.[2] 물체가 힘을 받으면서 운동하면 가속도운동을 한다. 물체가 움직일 때 힘을 받지 않으면 가속도가 없어서 일정한 속도로 움직이게 되며, 이것을 '등속운동'이라고 한다. 힘의 크기와 가속도가 일정한 경우를 '등가속도 운동'이라고 한다.

　등속운동하는 물체는 일정한 속도속력로 움직인다. 등속운동에서 가속도는 0이다. 시간과 관계없이 속도가 일정하다. $v(t)=v_0$(일정). 얼마나 이동했는지 알고 싶다면 초기 속도(v_0)에 경과한 시간을 곱해주면 된다($S(t)=v_0 t$). 이것을 그래프로 표현하면 그림 3-6과 같다.

---

[1] (속도의 변화량)/(시간 변화량)=가속도, (위치 변화량)/(시간 변화량)=속도
[2] 엄밀하게 표현하면 힘은 시간에 따른 운동량의 변화량을 나타내지만, 여기서는 힘을 가속도와 질량의 곱으로 표현한다.

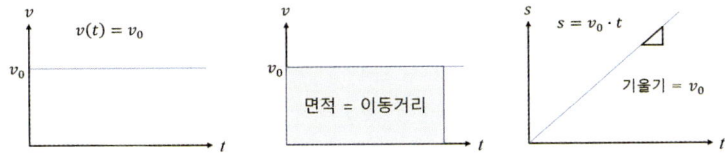

그림 3-6 직선방향으로 등속운동하는 물체의 속도-시간 그래프. 속도와 그래프의 면적을 계산하면 이동거리가 된다. 이동거리와 시간의 그래프에서 기울기는 속도가 된다.

등가속도 운동에서 가속도는 일정하다. 가속도가 일정하므로 t초 후의 속도와 이동거리를 쉽게 계산할 수 있다. 단, 물체가 처음에 정지해 있을 때와 처음에 일정한 속도로 움직일 경우로 나누어서 살펴보자.

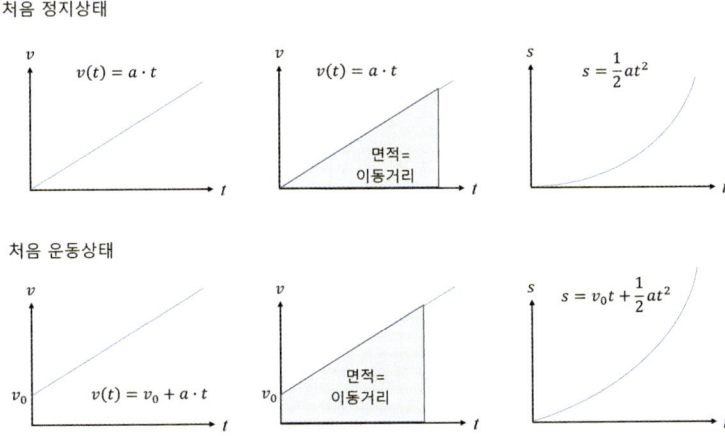

그림 3-7 직선방향으로 등가속도 운동하는 물체에서 속도는 시간에 비례하며, 기울기는 가속도에 해당한다. 속도와 시간 그래프의 면적을 계산하면 이동거리가 된다.

처음 속도와 나중 속도, 가속도, 그리고 이동거리 중에서 3가지를 알고 있다면, 위에서 사용한 등가속도 운동 공식과 아래의 공식을 이용하여 나머지 하나를 쉽게 구할 수 있다.

$$(v(t))^2 - (v_0)^2 = 2as$$

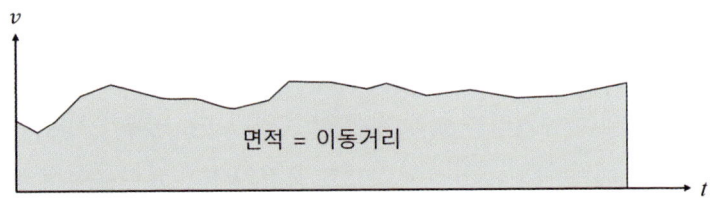

그림 3-8 직선방향으로 가속도가 변하는 물체의 운동. 시간과 속도 간에 상관관계가 없는 것처럼 보인다. 속도의 함수를 미분한 값인 기울기가 가속도가 된다. 속도와 시간의 면적을 계산하면 이동거리가 된다.

가속도가 일정하지 않다면 이동거리는 어떻게 구할까? 그림 3-8과 같이 속도가 불규칙적으로 변하면 특정 시간까지의 면적이 이동거리에 해당한다[3].

이 공식을 적용해 자유낙하운동에서 낙하거리 구하는 방식을 살펴보자. 중력에서의 가속도를 중력가속도라고 한다. 자유낙하 처음 속도 0에서 시간에 따른 속도는 $v(t) = gt$가 되며, 낙하거리 이동거리는

[3] $s(t) = \int_0^{t_0} v(t)dt$

$s = \frac{1}{2}gt^2$이 된다. 자유낙하의 처음 속도가 0이 아니라면 시간에 따른 속도는 $v(t) = v_0 + gt$가 되며, 낙하거리는 $s = v_0 t + \frac{1}{2}gt^2$이 된다.

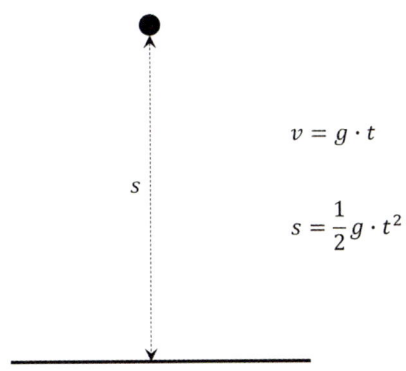

그림 3-9 자유낙하운동. 대표적인 등가속도 운동이다.

다른 예로 포물선 운동을 살펴보자. 대포에서 발사한 포탄이 대표적인 경우다. 포탄은 수직 방향으로는 중력이 작용하여 가속도 운동을 하지만, 수평 방향으로는 힘이 작용하지 않아서 등속운동을 한다. 수직 방향으로 속도가 감소하다 0이 되면 이때가 최고점에 해당한다. 실제 계산을 위해서는 발사 각도 θ, 지면과 이루는 발사각도를 고려해야 한다. 처음 대포를 빠져나오는 포탄의 속도가 v라고 하면 수직 방향의 속도는 $v(수직) = v\sin\theta - gt$이며, 수평 방향의 속도는 $v(수평) = v\cos\theta$이다. 수직 방향으로 속도가 0이 될 때 최고점이 되므로 최고점까지 도달하는데 걸리는 시간은 $t(최고점) = \frac{v\sin\theta}{g}$이 되며, 결국

역학의 탄생

포탄이 떨어지는 데 걸리는 시간은 최고점 도달 시간의 2배가 된다. 즉, $t(\text{이동}) = \frac{2v\sin\theta}{g}$이 된다. 그렇다면 수평 방향으로 이동한 거리는 등속운동에서 시간과 속도의 곱이 된다. 즉, $s = \frac{2v^2\cos\theta\sin\theta}{g}$이 되며, 다시 삼각함수를 간단하게 만들면($2\sin\theta\cos\theta = \sin2\theta$) $s = \frac{v^2\sin2\theta}{g}$이 된다. 이동거리가 최고가 될 때는 $\sin2\theta = 1$, 즉, 각도는 45°이다. 공기저항을 고려하면 실제 발사 각도가 41~43°일 때, 이동거리가 최대가 된다.

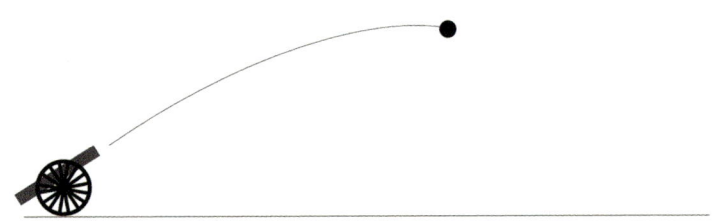

그림 3-10 대포로 사격하는 모습. 대포를 발사하면 포탄은 포물선 운동을 한다. 이때 포탄의 움직임을 2가지 방향에서 분석할 수 있다. 지평선 방향으로는 등속운동을 하고, 수직 방향으로는 등가속도 운동을 한다.

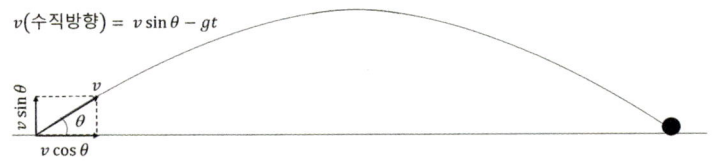

그림 3-11 포탄의 발사 각도를 이용하면 수평 방향의 속도(등속운동)와 수직 방향의 속도(등가속도 운동)를 계산할 수 있다. 발사 각도를 이용하면 운동 거리를 계산할 수 있다.

Dive deeper

• **오컴의 면도날**

철학자 윌리엄 오컴이 말한 명제로서 '필요 없이 장황하고 복잡하게 설명하거나 주장해서는 안 된다'라는 뜻이며, 최대한 간단하게 사실을 기술한다는 단순성의 원리이다. 만약 어떤 사건이나 현상을 설명하는 이론 두 가지가 있다면, 그중에서 더 간단하게 설명한 이론을 선택한다는 것이다.

예를 들어, 아침에 공원의 풀밭이 젖어 있다고 가정하자. 이것을 보면 살수차가 공원 풀밭에 물을 뿌리고 갔다고 생각하기보다는 비가 오거나 이슬이 내렸다고 생각할 가능성이 더 크다. 불필요하게 복잡한 설명보다 간단한 설명을 선호하는 것이 '오컴의 면도날'에서 파생된 철학적 원리이다. 오늘날 오컴의 면도날은 신학이나 철학으로부터 물리학을 비롯한 자연과학에 이르기까지 다양한 분야에서 사용된다. 오컴 이전에도 프랑스의 신학자인 생 푸르샹의 듀랑두스Durandus of Saint-Pourçain, 1275 – 1332나 니콜 오렘Nicholas Oresme, 1325 – 1382을 비롯해 여러 사람이 비슷한 원칙을 주장하였지만, 오컴이 이 원칙을 자주 언급하고 매우 예리하게 적용하여 '오컴의 면도날'이라고 불린다.

그렇다면 오컴의 면도날은 항상 타당한가? 보통 오컴의 면도날을 구문론적 단순성과 존재론적 단순성이라는 두 가지 측면에서 생각한다. 구문론적 단순성은 이론 자체가 간결하고 다른 이론과 비교할 때 가정에 덜 의존해야 한다는 뜻이다. 이와 대조적으로 존재론적 단순성은 이론이 설명하고자 하는 대상, 특히 현상으로서 대상의 단순성을 의미한다.

오컴의 면도날에 크게 의존하는 분야 중 하나가 물리학이다. 태양 중심의 우주 모델이 상대적 단순성 때문에 프톨레마이오스Claudius Ptolemy, 100 – 170의 천동설보다 더 그럴듯하다고 주장한 갈릴레이를 비롯하여 물리학에서 이 원리가 많이 사용되어 왔다. 현대 물리학에서는 모든 물질과 공간이 전자기파가 통과할 수 있는, 눈에 보이지 않고 감지할 수 없는 매질로 채워져 있다고 제안한 에테르 이론보다, 매질이 필요하지 않고 더 단순해 보이는 특수 상대성 이론을 선호하였다. 결국, 마이컬슨Albert Abraham Michelson, 1852 – 1931의 실험으로 에테르가 없음이 증명되어 에테르 이론은 폐기되었다. 그러나 단순하다고 해서 무조건 참된 이론이 되는 것은 아니며, 종종 사람들이 불신하는 이론을 옹호하는 목적으로 오컴의 면도날이 사용될 수도 있다.

오컴의 면도날을 잘못 사용하면 심각한 결과를 초래할 수 있는데 예를 들어, 의학에서 "발굽 소리가 들린다고 얼룩말이 나타날 거라고 기대하지 말라"는 격언이 있다. 이 격언은 여러 증상을 설명할 수 있는 간단한 진단이 일련의 연결되지 않은 희소 질환보다 더 가능성이 크다는 것을 의사들에게 상기시킨다. 그러나 의사가 증상을 분석할 때 단순성 기준만 적용하면 오진이 발생할 수 있다.

현대과학에서 오컴의 면도날을 이용하면 어떤 현상을 더 간단하고 단순하게 설명할 수 있는 안내 역할을 할 수 있지만, 지나치게 집착하다 보면 엉뚱한 결과에 도달할 수도 있다. 오컴의 면도날은 절대적인 진리가 아니라 하나의 지침이라는 사실을 기억해야 한다.

Learn more

• 빛의 색

전등에서 나오는 따뜻한 열기를 느껴본 적이 있을 것이다. 열기를 전달하는 빛을 적외선이라고 부른다. 백열전구를 기억하는 사람이라면, 눈을 감은 상태로 얼굴을 전등으로 향했을 때 느껴졌던 따뜻함을 느꼈던 경험이 있을 것이다. 만약, 눈을 감고 파란색 셀로판지로 감싼 백열전구 앞으로 다가간다고 상상해보자. 여전히 따뜻함이 느껴질 것이다. 그런데, 눈을 떠보니 파란 셀로판지로 감싼 전구가 있다는 것을 발견한다. 전구에서 따뜻한 불가 파랗다는 것을 알게 된다면, 조금 놀랄 수도 있습니다. 열과 색깔(가시광선)은 본질적으로 별개이기 때문입니다.

우리는 종종 전등은 '노랗다', 햇빛도 '노랗다'는 인상 때문에, 따뜻함과 노란색을 연결 짓곤 한다. 그래서 백열전구가 노란색일 거라고 자연스럽게 생각한다. 햇빛은 적외선과 가시광선을 함께 포함하고 있습니다. 전등이나 불꽃도 마찬가지죠. 눈에 보이는 빛(가시광선)과, 눈에 보이지 않지만 따뜻함을 전달하는 빛(적외선)이 함께 존재한다. 이것 때문에 우리는 '노란 불빛 = 따뜻함'이라는 이미지로 기억하게 되지만, 사실 적외선을 통해 열이 전달된다.

적외선을 내는 전구는 흔히 붉은색을 띤다. 그래서 적외선 하면 빨간색을 떠올리는 경우도 많다. 적외선 전구에서 붉은빛이 함께 나오는 이유는, 적외선을 발생시키는 과정에서 붉은색 가시광선도 함께 방출되기 때문이지, 적외선 자체가 붉기 때문은 아니다.

결국, 적외선은 색이 없고, 눈에 보이지 않는 빛이다. 우리는 자주 사물의 본질을 '보이는 대로' 오해하곤 한다. 적외선이나 자외선처럼, 눈에 보이지 않는 것들도 분명히 존재하고, 그들이 가진 성질은 우리가 떠올리는 이미지와 다를 수 있다는 점을 기억할 필요가 있다.

작용 반작용의 법칙

　　　　한 물체A가 다른 물체B에 힘을 가하면 힘을 받은 물체B도 힘을 가한 물체A에 같은 크기의 힘을 가한다. 힘의 평형에서는 힘이 작용하는 곳 작용점이 같아서, 힘의 평형이 이루어지면 물체는 움직이지 않게 된다. 그러나 작용 반작용에서는 힘의 작용점이 달라서, 비록 힘의 크기는 서로 같지만 물체가 움직이게 된다.

　작용 반작용 설명에 자주 사용되는 예가 대포이다. 대포를 발포할 때 화약이 폭발한다. 폭발로 인해 팽창하는 가스를 대포와 포탄 사이의 중간 물체로 생각할 수 있다. 이때 팽창하는 가스가 포탄에 힘을 가하고, 포탄은 다시 기체에 힘을 가하여 대포에 힘이 전달된다. 포탄을 앞쪽으로 미는 힘과 대포가 뒤로 미는 힘이 같아서 힘의 평형이 이루어지지만, 작용점이 다르다. 포탄과 대포의 질량 차이 때문에 작용하는 가속도의 크기는 차이가 난다. 포탄에 작용하는 힘은 포탄이 대포의 포신을 벗어나기 전까지 작용한다. 포신이 길수록 힘

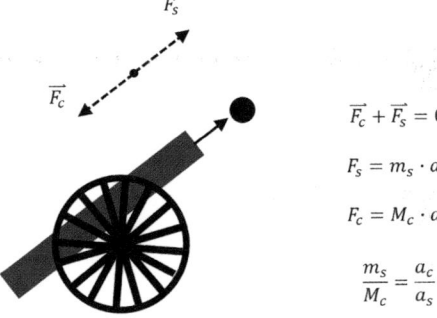

그림 3-12 대포를 발포할 때 대포와 대포알 사이의 힘

을 받는 시간이 늘어나며, 반대로 포신이 짧으면 힘을 받는 시간이 줄어들어 포탄이 가속되는 시간이 짧다.

  비슷한 예로 권총과 장총을 비교할 수 있다. 그림 3-13에서 총신이 긴 경우L_1 총알이 총신을 통과하면서 힘을 받는 구간도 길다. 힘을 더 오래 받기 때문에 총신이 짧은 경우L_2보다 가속되는 시간이 길어서 총신을 벗어날 때 더 큰 속력으로 날아가게 된다. 다른 예로, 독침을 쏘는 갈대를 들 수 있다. 독침을 갈대에 넣고 바람을 불어 발사할 때 갈대의 길이가 길수록 독침이 힘을 받는 구간이 길어진다. 그래서 갈대를 벗어날 때 독침이 더 빠른 속력으로 날아가게 된다.

  1592년 임진왜란 당시 조선 수군의 주력 판옥선 바닥이 평평한 평저선은 배가 튼튼하고 바닥이 평평하여 함포를 발포하기 알맞은 함선이었다. 조선 수군이 옥포 해전 이후 계속 승리하면서 마침내 부산포까지 공격했다. 이순신 장군이 이끄는 수군은 부산포를 공격하여

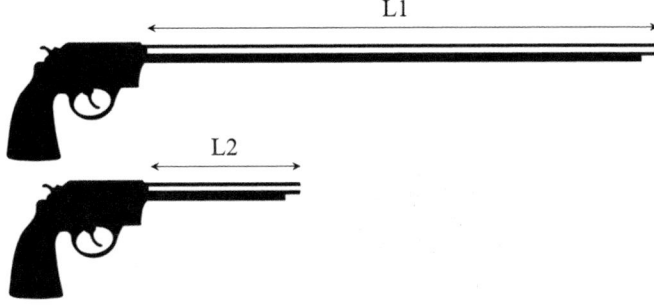

그림 3-13 총을 발사할 때 총신이 길이에 따라 힘의 작용시간에서 차이가 나타난다.

일본을 크게 무찔렀다. 이후 정유재란 때 요시라 사건이 일어나면서[1] 조선 조정으로부터 부산을 공격하라는 명령이 내려왔지만, 이순신은 출정이 어렵다고 거듭 상소를 올린다. 그렇다면 1592년 부산포 공격은 어떻게 성공한 것일까?

그림 3-14는 바닥이 평평하지 않은 배에 포를 실어서 발포할 때의 모습이다. 포를 쏘면 작용 반작용 때문에 날아가는 포탄은 대포를 뒤로 밀어내는 동시에 대포가 실린 배도 뒤로 밀리게 된다. 이 과정에서 배도 포탄 반대 방향으로 움직이면서 처음 계획했던 포탄의 각도와 다른 방향으로 날아가게 된다. 따라서 포탄으로 상대 배를 맞추기가 어렵다. 더구나 배가 좌우로 심하게 흔들리고, 각도가 증

---

[1] 임진왜란 동안 활동한 이중간첩으로 알려졌다. 1597년 일본 장수 가토 기요마사가 일본에서 부산에 도착할 것이라는 정보를 조선에 넘겼다고 알려졌다. 요시라의 정보가 정확한지는 확실하지 않다.

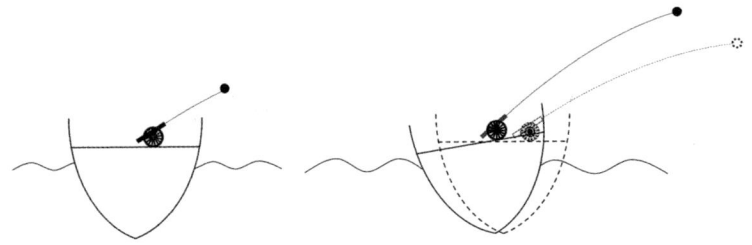

그림 3-14 배에서 포를 발포할 때 포탄은 함포를 뒤로 밀어낸다. 동시에 함포를 실은 배도 뒤로 밀리게 된다. 이 과정에서 배의 바닥이 평평하지 않으면 포탄과 수평선과의 발사 각도가 변하게 되어 포탄의 정확도가 떨어지게 된다.

가하여 포탄이 날아가는 거리마저 줄어든다. 그림 3-11에서 포탄의 각도와 이동 거리를 계산하는 식에 적용해 보면, 각도가 갑자기 $45°$보다 증가하면 포탄의 도달거리는 짧아진다. 반면, 판옥선의 바닥은 평평하여 발포할 때 포탄의 각도가 많이 바뀌지 않는다. 다만 배가 약간 뒤쪽으로 밀릴 수는 있다. 포탄의 각도가 처음 조정했던 값으로부터 많이 바뀌지 않는다면 목표물을 명중시키기가 더 쉬워진다. 그림 3-15. 배가 뒤로 밀리지 않으면 포탄의 이동 거리도 길어져서 일본 수군과의 함포전에서 훨씬 유리했을 것이다.

물론 육상에서 발포하는 대포에 비하면 배에서 발포하는 함포는 반동이 심하다는 단점 이외에도, 대포가 작고 사용하는 화약의 양이 적었다. 사용하는 대포가 크고 화약의 양이 많으면, 발포할 때 함선이 부서질 수도 있기 때문이었다. 육상에서 발포하는 대포는 크고 화약도 더 많이 장착할 수 있었다. 게다가 육지에서는 대포가 뒤로

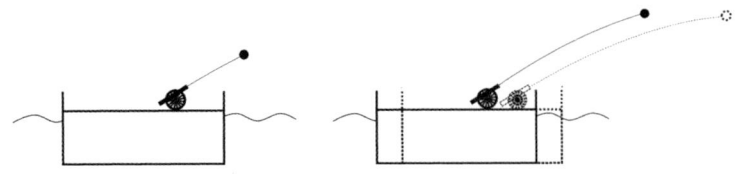

그림 3-15 배의 바닥이 평평하면 배가 뒤로 밀리지만, 함포의 발사 각도는 거의 변하지 않는다.

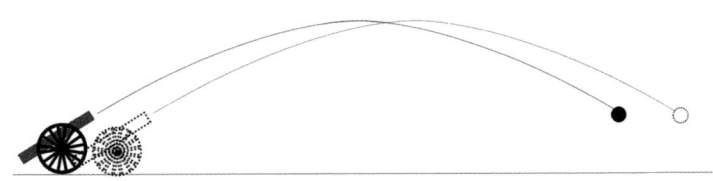

그림 3-16 지상에서 대포를 발사하면 포가 뒤로 밀리게 된다. 그 과정에서 발사 각도는 바뀌지 않지만, 포가 뒤로 밀려 탄착지점에 도달하지 못한다.

밀리는 것 외에는 큰 문제가 없었고, 사거리가 훨씬 길었다. 이런 이유로 같은 규격의 대포도 육지에서 사거리가 가장 길고 평저선, 일반 함선 순으로 사거리가 짧아진다. 이순신이 부산포를 공격할 때까지만 해도 평저선인 판옥선으로 무장한 조선 수군이 일반 함선으로 무장한 일본군에 비해 유리했다. 그러나 육지에 주둔한 일본군을 공격할 때는 평저선의 대포 사거리가 육지의 대포 사거리보다 짧아 불리할 수밖에 없었다. 이런 이유에서 임진왜란 당시, 함포를 이용하여 육지에 주둔한 일본군을 공격하는 것은 쉬운 일이 아니었다.

산업혁명 이후 야금 기술이 발달하면서 무기체계에 엄청난 혁신이 일어났다. 그때까지만 해도 대포를 수레바퀴에 연결해 이동하다가 발포할 때만 포를 방렬정렬시켰다. 발포할 때 작용 반작용으로 포탄이 날아가면서 포가 뒤로 밀렸고, 화약을 많이 넣을수록 뒤로 밀리는 거리도 증가했다. 이런 상황에서 어떻게 하면 포탄의 사거리를 늘릴 수 있을까? 단순히 화약량을 늘리면 폭발과 함께 대포도 폭파될 수도 있었고, 대포가 폭파되지 않는다 해도 대포의 포신이 변형될 수도 있었다. 그래서 생각해 낸 방법이 '대포의 질량을 증가시키자'는 것이었다. 다시 말해, 대포를 최대한 무겁게 만들자는 것이다. 대포를 무겁게 만들면 대포의 관성이 증가하고, 대포의 관성이 증가하면 사거리가 증가한다. 그러나 대포를 무겁게 만들면 대포를 이동시키기가 어려웠다. 대포를 이동할 때는 가볍게 하면서 대포를 쏠 때만 질량을 증가시킬 수는 없을까?

그림 3-17에서처럼 대포에서 포탄이 지면과 평행하게 발사된다고 가정해 보자. 대포에서 포탄을 발사할 때 운동량의 합은 0이 되고, 포탄과 대포의 운동에너지는 화약 폭발로 발생하는 에너지와 같다. 그림 3-17의 식에서 대포의 포신을 벗어날 때 포탄 속력의 제곱은 포탄의 질량과 대포의 질량, 그리고 화약의 폭발에너지로 표현할 수 있다. 그런데 대포 뒤에 움직이지 않는 벽이 있다면 어떻게 될까? 화약의 폭발에너지, 포탄 질량과 대포의 질량은 변하지 않지만, 벽의 운동량과 벽이 흡수한 에너지가 식에 포함되어야 한다. 먼저 운동량 보존의 법칙에 따라 벽의 운동량을 포함시키고, 운동량과 벽이 흡수한 에너지를 고려해 식을 계산할 수 있다. 물론 벽이 흡수한 에

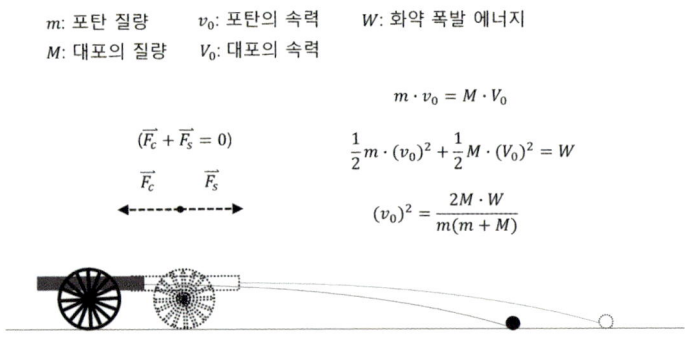

그림 3-17 포를 발사할 때의 작용 반작용. 대포의 질량과 포탄의 질량 차가 클수록 포탄의 속도가 커진다.

너지를 계산할 때 벽의 운동량이 p에서 0으로 변하는 시간을 고려하여 계산하면 $v^2-(v_0)^2>0$이 된다. 대포 뒤에 벽을 설치하여 고정하면 발사되는 포탄의 속력이 증가한다. 포탄 속력을 꼭 수식으로 이해할 필요는 없다. 앞에서 벽이 없을 때 포탄 속력의 제곱을 식으로 표현하면 $(v_0)^2 = \dfrac{2MW}{m(m+M)}$이 된다. 여기서 대포의 질량(M)이 아주 심하게 증가한다면 $(v_0)^2 \approx \dfrac{2W}{m}$이 된다. 그렇다면 대포의 질량을 많이 증가시킬 방법($m+M \approx M$)이 있을까? 대포를 정렬방렬시킬 때 대포의 다리 부분을 땅에 고정하면 대포의 질량은 마치 지구의 질량인 것처럼 증가하는 효과가 있다. 이렇게 하면 평소 가볍게 이동시키면서도 포를 발사할 때만 대포의 질량을 증가시켜 사거리를 늘릴 수 있다. 이 방법은 대포의 다리를 땅에 고정함으로써, 마치 대포 뒤에 굳건한 벽이 세워져 있는 것과 비슷한 효과를 낼 수 있다. 포를 발포하기 전, 포의 다리 부분을 땅에 고정시키는 이유가 바로 대포의 질량을 증가시키기 위한 것이다.

m: 포탄 질량　　v: 포탄의 속력　　W: 화약 폭발 에너지
M: 대포의 질량　　V: 대포의 속력　　U: 벽이 흡수한 에너지(일)
p: 벽의 운동량

$$m \cdot v = M \cdot V + p \qquad \frac{1}{2}m \cdot v^2 + \frac{1}{2}M \cdot V^2 = W - U \qquad v^2 - (v_0)^2 > 0$$

그림 3-18 대포를 땅에 고정하면 마치 대포 뒤에 거대한 벽을 설치한 효과가 생긴다.

운동량과 충격량

움직이는 물체의 특성은 질량과 속도로 표현할 수 있다. 이 둘을 곱한 '질량×속도'를 '운동량'이라고 한다. 그리고 운동량의 변화를 시간으로 나눈 것을 '힘'이라고 한다. $F = \frac{\Delta(mv)}{\Delta t}$. 질량 변화가 없다고 가정하면, $F = \frac{m\Delta(v)}{\Delta t}$, $\frac{\Delta v}{\Delta t} = a$를 가속도라고 한다. 그런데 운동량의 변화에서 정말 질량 변화는 없을까? 일단 질량의 시간에 대한 변화는 없다고 하자 시간에 따른 질량의 변화는 상대성이론과 연결됨. 그러면 힘이 작용하는 시간과 힘의 곱은 운동량의 변화량이 된다.

$$F\Delta t = \Delta(mv) = m\Delta v$$

두 물체가 충돌할 때의 운동량을 살펴보자. 충돌 전 운동량은 Mv_1이고, 충돌 후 운동량은 $Mv_2 + mv_3$가 되며, 운동량은 보존됨에 따라 v_3의 값을 구할 수 있다.

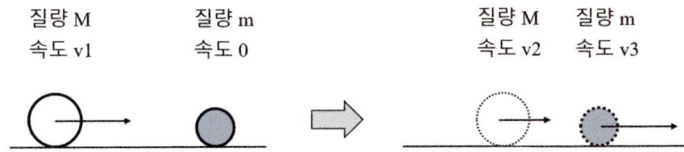

그림 3-19 두 물체가 충돌할 때의 운동량 변화

$$Mv_1 = Mv_2 + mv_3$$

$$v_3 = \frac{M(v_1-v_2)}{m}$$

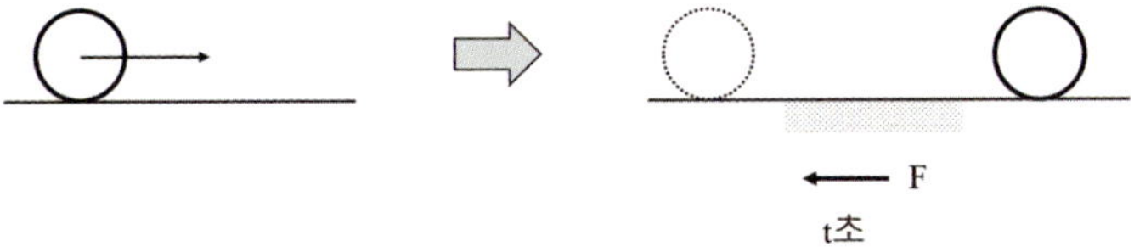

그림 3-20 움직이는 물체에 힘(F)이 t초 동안 작용하여 움직이는 물체가 정지한 모습

$$M \cdot v + 충격량 = 0$$

그림 3-20에서 운동하는 물체에 충격이 가해져서 물체가 정지하게 된다면, 처음 운동량에서 충격량을 합친 값은 0이 된다. 즉, 물체의 운동량과 충격량은 크기가 같으면서 부호는 반대가 된다.

역학의 탄생

운동량+충격량=0

운동하는 물체가 충돌할 때의 운동량과 충격량을 살펴보았다. 그렇다면 충돌할 때 순간적으로 발생하는 힘은 어떻게 되는 것일까?

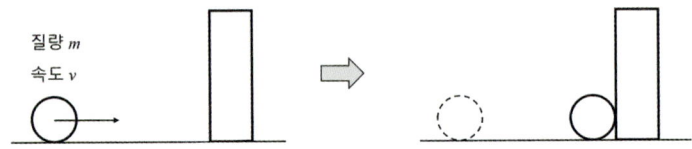

그림 3-21 움직이는 물체가 벽에 부딪혀서 정지한 모습

그림 3-21에서 어떤 물체가 벽을 향해 움직이고 있다. 벽에 부딪히고 멈추었다고 가정하면, 운동량은 mv에서 0으로 $-mv$ 만큼 바뀌었다. 그렇다면, 이 mv는 어디로 갔을까? 벽이 받은 충격량으로 변화하였다 mv만큼 벽이 충격을 받음. 그러면 벽이 받은 힘은? 이때의 운동을 2가지로 가정해볼 수 있다. 첫 번째, 물체가 등가속도로 감속하면서 물체의 속도는 v에서 0으로 변하며, 이 운동이 일어나는 시간은 Δt이다. 가속도 운동에서 사용하는 운동방정식을 이용하면 물체가 멈추는 시간과 운동거리를 구할 수 있다. 그런데 이 운동이 꼭 등가속도 운동일 수는 없다. 만약 등가속도로 물체가 감속되지 않았다면 어떻게 해야 할까? 힘의 변화가 너무 복잡해 이 움직임을 수식화하기 어렵다. 그림 3-22에서 등가속도로 감속하는 경우와 등가속도가

아닌 형태로 감속하는 것을 함께 표기하였다. 각 시간에서의 기울기가 가속도에 해당함으로써 가속도도 함께 표현하였다.

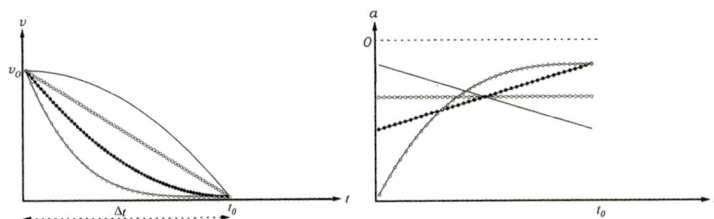

그림 3-22 물체의 정지를 등가속도와 등가속도가 아닌 형태에서 속도와 시간의 그래프 및 이를 바탕으로 계산한 가속도와 시간의 그래프. 속도-시간 그래프에서 기울기가 일정한 때가 등가속도 운동이다.

그림 3-22는 너무 복잡하고 가속도를 이용하는 것보다 운동량 보존의 법칙을 사용하면 쉽게 물체의 운동을 이해할 수 있다. 운동량 보존법칙에 대한 오랜 논쟁이 있었지만, 운동량은 보존된다는 결론에 도달했다. 바로 이점이 운동량의 장점이다.

헤미   힘이 세다는 것이 무슨 뜻일까? 힘이 세면 일도 잘할 수 있잖아.

보민   용어를 분명히 할 필요가 있어. 일상생활에서 사용하는 '힘'과 물리에서 사용하는 '힘'은 다르거든. 예를 들어, 힘이 센 사람이라고 하면 보통 팔씨름을 잘하거나, 무거운 물체를 들거나 격투에 뛰어난 사람을 떠올리지. 이처럼 힘은 여러 상황에서 사용돼. 반면에 물리에서의 힘이란 질량과 가속도의 곱을 의미해. 질량이 많이 나가도 가속도 운동을 하지 않으면 힘이 없는 거야.

헤미   그렇다면 움직이는 것과 힘과는 어떤 상관관계가 있는 거야?

보민   움직이는 것 중에서 가속도가 있는 것만 힘이 작용하고 있는 거야. 가속도 없이 등속으로 운동하는 것은 힘이 작용하지 않는 거야.

헤미   움직이는 물체 중에서 작용하는 힘의 크기를 모를 때는 물체의 운동을 어떻게 표현해야 할까? 예를 들어, 등속운동을 하다가 속도가 바뀔 수도 있잖아? 그 경우 힘이 작용한 것 아냐?

보민   맞아. 힘이 작용해서 속도가 바뀐 거지. 하지만 속도가 바뀔 때만 힘이 작용한 거야.

헤미   그런 종류의 물체 운동을 어떻게 물리적으로 해석해야 할까?

보민   운동량을 계산하면 돼. 운동량은 보존되거든.

그림 3-23은 구간별로 등속운동 하는 물체의 속도와 시간 그래프이다. 등속운동은 가속도가 0이므로 힘이 작용하지 않는다. 그러나 구간이 바뀔 때는 힘이 작용한다. 0~2초 구간과 2~4초 구간에서의 운동량을 계산해 보자. 질량이 1kg이라고 가정하면 0~2초 구간에서의 운동량은 10kg·m/s (10N·s)가 되며, 2~4초 구간에서의 운동량은 6N·s가 된다. 2초가 될 때 작용한 충격량은 다음과 같은 공식으로 구할 수 있다.

$$10\text{N·s} + 충격량 = 6\text{N·s}$$

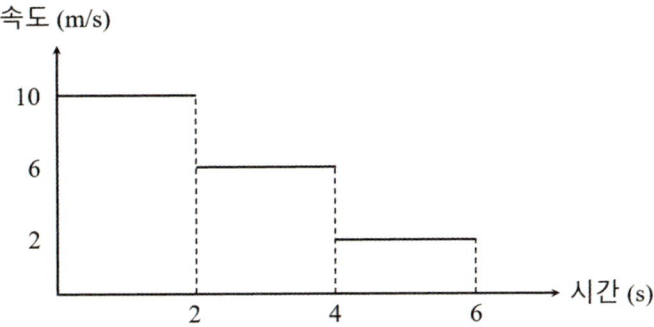

그림 3-23 구간별로 등속운동 하는 물체의 속도-시간 그래프

이때 충격량은 4N·s가 된다. 힘이 작용한 시간이 0.01초라면 작용한 힘은 400N이 된다.

중력의 한계

자연계에 존재하는 4가지 힘 강력, 약력, 전자기력, 중력 중에서 가장 강한 힘은 강력이고, 가장 약한 힘이 중력이다. 핵력은 원자핵 안에서만 작용하므로 힘이 작용하는 거리가 아주 짧다. 반면에 중력은 힘은 약하지만, 거리와 상관없다고 말할 수 있을 정도로 우리 일상에 가장 많은 영향을 주고 있다. 그렇다면 중력이 작용하는 한계는 무엇인가? 그리고 물체 사이에서 중력은 얼마큼의 빠르기로 작용하는가?

헤미 지난번에 지구로부터 500광년 떨어진 칸타피아의 별빛이 지구에 도달하는 데 500년 걸린다고 했잖아. 그래서 우리가 지금 보는 칸타피아의 모습은 500년 전 모습이라고.

보민 맞아. 500광년 떨어져 있어서 우리는 500년 전의 모습만 볼 수 있지.

헤미 그 별이 갑자기 사라지면 우리는 500년 뒤에 사라진 모습을 볼 수 있잖

아. 만약 그 별이 지금 사라진다면 중력에도 변화가 생길 것 같아. 중력 변화가 당장 일어나는 거야? 아니면 500광년 떨어져 있어서 중력변화에도 시간이 걸리는 거야?

보민 좋은 질문이야. 두 개의 물체 간에 중력이 작용한다면 거기에도 시간이 걸려.

헤미 지금 칸타피아가 사라진다면 우리는 언제 그 사실을 알 수 있어?

보민 두 물체 간에는 빛의 속도로 중력이 작용하게 되거든. 지금 칸타피아가 사라진다면 빛의 속도로 중력이 변화하게 돼. 그러면 500년 뒤에 중력 변화를 감지할 수 있어.

헤미 마찬가지로 만약 달이 사라진다면 1~2초 사이에 지구에 영향을 줄 거고, 태양이 사라진다면 500초 후에 지구에 영향을 준다는 이야기구나.

중력은 4가지 기본 힘 중에서 가장 약하지만 인류가 가장 먼저 그 힘을 이해했다. 뉴턴 역학으로 물체의 운동과 힘을 이해하여 역학을 열기관으로 확장함으로써 결과적으로 산업혁명이 일어났다. 이후, 전자기력을 기반으로 한 전기설비 및 통신의 발달이 이루어졌고, 20세기에 들어서서 양자역학이 개발되면서 IT산업이 생겼다. 현대 사회의 시발점은 어쩌면 뉴턴 역학, 즉 중력의 이해로부터 시작되었다. 중력이라기보다는 역학을 이용한 최속강하경로를 소개하면서 이 책을 마무리지으려고 한다.

"Tanquam ex ungue leonem"

1684년 라이프니츠Gottfried Wilhelm von Leibniz, 1646 – 1716는 미적분을 상세하게 소개하는 논문 〈Nova Methodus pro Maximis et Minimis〉를 출판했다. 뉴턴은 1687년 프린키피아를 출판하면서 행성의 움직임을 설명하기 위해 미적분을 사용했다. 시기상으로 라이프니츠가 앞섰기에 미적분을 라이프니츠가 만들었다는 의견이 우세했지만, 뉴턴은 1669년 미적분에 대한 생각을 집약해 "De Analysi per Aequationes Numero Terminorum Infinitas"라는 제목의 원고를 작성하였다. 하지만 출판하지 않았고 친분있는 수학자들이 이를 회람하였다. 또한 1671년 미적분에 대한 상세한 설명을 담은 "Method of Fluxions"라는 원고를 작성하였지만 이 또한 출판하지 않고 소수의 수학자들만 회람하였다. 1673년 라이프니츠는 영국 왕립협회를 방문했다. 이때 뉴턴의 원고를 봤는지에 대해서는 정확한 기록이 남아있지 않다. 그러나 1676년 영국 왕립협회 소속의 수학자 존 콜린스John Collins, 1625 – 1683와 헨리 올덴버그Henry Oldenburg, 1619 – 1677는 뉴턴의 원고 초록을 라이프니츠에게 보냈다. 이런 상황을 고려해보면, 뉴턴과 라이프니츠를 두고 누가 미적분을 만들었는가에 대한 논쟁이 일어날 수 밖에 없었음을 쉽게 이해할 수 있다.

베르누이Johann Bernoulli, 1667 – 1748는 1696년 '수학의 거장들'에게 최속강하곡선문제를 제안했다. 이 문제를 '수학의 거장들'에게 제안한 이유는, 아마도 뉴턴에 대한 불신이 있었기 때문일 것이다. 라이프니츠는 답안 제출일 연장을 요청했고 베르누이는 처음 6개월이던 마감일을 1년 6개월로 연장했다. 베르누이는 뉴턴에게 이 문제를 보냈다. 일종의 도전장인 셈이었다. 도전장에 대한 정확한 풀이는 서명 없이 베르누이에게 회신되었다. 베르누이는 그것이 영국에서 보낸 것임을 확인한 후, "발톱만 보고도 사자를 알 수 있다tanquam ex ungue leonem"고 말했다.

베르누이가 제시한 문제는 "두 점 A와 B가 있을 때 A에서 B까지 물체가 이동할 때 최단 시간 안에 도달하는 곡선을 찾으라"는 것이었다. 직선 경로가 가장 빠를 것 같지만, 중력을 고려해보면 사이클로이드cycloid가 가장 빠른 경로이다.

고전 역학으로 최단시간 이동거리 문제를 풀 때 작용 S, action: $S = \int L dt$, L은 라그랑지안[1]이 최소화되는 경로를 따른다는 최소작용원리principle of least action나, 작용의 변화량이 $0(\delta S=0)$일 때 극값을 갖는다는 해밀턴원리Hamilton's principle를 사용한다. 최소작용원리는 물리학 전반에서 사용되고 있으며, 최근에는 인공지능에서 최적화 문제를 해결할 때 응용되고 있다.

---

[1] 라그랑지안을 시간에 대해 적분한 값이다.

질량

그림 3-24 고대 이집트 무덤 벽화(Tomb of Fetekti).* 물건을 거래할 때 구리를 사용한 것으로 보인다.

고대 이집트에서 구리를 이용한 질량 단위인 데벤을 사용하였다. 데벤은 물건을 거래할 때 사용한 것으로 알려졌으며, 그림 3-24의 무덤 벽화에 금속이 담긴 부대를 거래하는 모습이 그려져 있다. 이후, 그리스와 로마에서도 달란트와 파운드와 같은 단위로 질량을 측정하였다.

* https://en.wikipedia.org/wiki/Deben_(unit)#/media/File:Market_scene_from_the_Old_Kingdom_of_Egypt.jpg

오늘날의 킬로그램kg, 그램g과 같은 질량 단위는 프랑스 혁명 시기에 십진법 기반의 도량형을 제정할 때 비로소 만들어졌다. 그러면 무엇을 가지고 질량의 기준을 만들까? 우리 주위에 흔히 있는 물질인 물을 가지고 정했다. 그런데 물은 온도에 따라서 부피가 변한다. 즉, 일정한 질량을 가진 물의 부피는 온도에 따라서 바뀌기 때문에, 물의 부피와 질량을 통일할 필요가 있었다. 그래서 물의 밀도가 가장 높은 4℃ 상태의 물 1리터를 1킬로그램으로 정하고, 이 물에 상응하는 고체 질량 원기를 제작하였다. 질량 원기는 백금Pt-이리듐Ir으로 만들어졌으며, 프랑스 국제 도량형국에 보관되어있다. 하지만 이곳저곳에서 빌려 가서 질량 원기를 제작하다 보니, 처음 만들어진 질량 원기의 질량이 줄어드는 일이 생겼다. 금속 원기와의 접촉을 최소화해도 접촉빈도가 증가함에 따라, 질량이 조금씩 줄어들었다.

이 문제를 해결하기 위해 플랑크 상수(h, $6.62607015 \times 10^{-34}$ J·s)를 이용하여 질량 단위를 재정의하게 되었다. 플랑크 상수를 이용하면 다음과 같은 식을 유도할 수 있으며, 어느 곳에 있어도 질량을 측정할 수 있다. 플랑크 상수를 이용한 질량 단위의 유도는 전기신호를 통하여 질량기준을 만들 수 있다는 의미가 내포되어 있다.

$$1\text{kg} = \frac{h}{6.62607015 \times 10^{-34}} \text{ m}^{-2}\text{s}$$

과거 킬로그램은 일정한 온도와 압력에서의 물 1리터의 부피에 기반하거나, 이후 프랑스에 보관된 국제 킬로그램 원기와 같은 물리적 기준물에 의해 정의되었다. 그러나 2019년, 킬로그램은 플랑크 상수h라는 변하지 않는 자연 상수를 기준으로 재정의되었다. 이는 질량 단위를 더 이상 지구나 지구 상의 물체에 의존하지 않고, 우주 어디에서나 동일한 값을 갖는 자연 상수를 통해 재현할 수 있게 되었음을 의미한다. 이러한 변화는 킬로그램만의 변화에 그치지 않는다. 현재 모든 기본 단위들(초, 미터, 킬로그램, 암페어, 켈빈, 몰, 칸델라)는 각각 대응하는 자연 상수를 기반으로 정의하고 있다. 그 결과, 시간과 장소에 구애받지 않고 일관되고 정밀한 측정이 가능해졌다. 기본 단위의 재정의는 단순한 기술적 조정이 아니라, 측정의 보편성과 정확성을 비약적으로 향상시킨 과학적 전환이라 할 수 있다. 국제단위계(SI)는 이번 개정을 통해 보다 견고하고 일관된 체계로 발전했으며, 이는 과학 연구는 물론 산업, 첨단 기술, 국제 무역 등 다양한 분야에서 신뢰할 수 있는 측정 기반을 제공하며, 궁극적으로 이는 인류의 기술과 과학 발전을 위한 중요한 토대가 된다.

=== 에필로그 ===

"지구가 파랗게 보인다."

우주에서 처음으로 지구를 본 청년 가가린 Yuri Gagarin, 1934 – 1968[1] 이 외친 말이다. 땅에서는 하늘이 푸른 빛이지만, 우주에서는 지구가 푸르게 보인다. 천둥과 번개를 휘둘러 하늘에서 벼락이 떨어지게 만드는 제우스 때문에 파란 하늘은 고대 그리스인에게 평안함을 주는 마음의 안식처였을 것이다.

우리 선조들은 가을을 '천고마비'의 계절이라 불렀다. 푸른 빛으로 더 높게 보이는 가을 하늘을 빗대어 청명함과 그로 인한 풍요를 가리키는 표현이다. 감수성이 예민한 청소년에게는 하늘이 시퍼렇게 멍든 것처럼 보여 다소 슬픈 공간으로 느껴질 수도 있다.

[1] 1961년 4월 12일, 인류 최초로 보스토크 1호에 탑승하여 우주 비행에 성공한 소련의 우주비행사

반면에 해를 사랑했던 고흐에게 푸른 빛의 하늘은 해를 더욱 돋보이게 하는 공간이었다. 더 나아가 하늘은 그림에 대한 그의 열정을 북돋우는 스케치북 같은 공간이었다.

태양으로부터 오는 자외선이 대기를 만나 산란하면서 하늘은 진한 파란색으로 보인다. 그러나 하늘이 파랗게 보이는 이유도 모른 채 사람들이 각자의 감성으로 하늘을 대면한다 해도 일상에서 겪는 불편이나 어려움은 없다. 마치 지구 모양이 둥근지 평평한지 모른다고 해서 세상 사는 데 아무 어려움이 없는 것과 같다. 하지만 작은 사실을 하나씩 알아내면서 '과학적' 사고가 만들어지고, 이 '과학적 사고'를 통해 문명이 고도로 발전할 수 있었다.

달 탐사선 창밖으로 지구가 엄지손톱보다 작게 보이자, 암스트롱 Neil Alden Armstrong, 1930 – 2012은 '예쁘고 파란 완두콩 같은 지구'라고 표현했다. 암스트롱의 이 말은 인간의 우월감을 드러내는 표현이 아니었다. 오히려 우주에서는 완두콩 같은 사물처럼 보이는 지구, 그리고 그 안에 사는 인간은 얼마나 미약한 존재일 수밖에 없는지를 표현한 말이었다. 보이저 1호가 명왕성을 지나면서 전송한 사진 속에 있는 창백한 푸른 점 pale blue dot과 같은 지구 사진 역시 인간이 이룩한 과학 기술의 위대함을 과시하는 것과는 거리가 멀다. 단지 광활한 우주에서 인간이 얼마나 하찮은 존재인지를 깨닫게 해주는 사진일 뿐이다. 창백한 파란 점에서 과학이 태동한 시간은 길게 잡아 대략 4천 년에 불과하다. 게다가 본격적으로 근대 과학이 시작된 것은 겨우 400년 전이었다.

현대과학은 그 뿌리를 뉴턴의 역학에 두고 있다. 호기심 많은 꼬마 뉴턴은 태양을 보려다 하마터면 실명할 뻔했다. 페스트가 창궐하지 않아 뉴턴이 고향집에 머물며 깊이 사색할 시간이 없었다면, 아마 현대과학은 지금 우리가 아는 과학과는 아주 다른 모습을 띠었을 것이다. 뉴턴은 사물의 움직임을 바라볼 때 물체를 움직이게 만드는 원동력에 집중했다. 물체를 움직이게 만드는 것이 무엇인지 계속 고민하던 뉴턴은 마침내 힘을 질량과 가속도의 곱으로 산출하는 위대한 수식을 완성한다($F=ma$). 이 단순한 수식으로 시작된 역학은 이후 등장한 과학자 라그랑주와 해밀턴을 거치면서 완성되었다. 뉴턴의 역학은 산업혁명의 출발점이 되었고, 과학 기술이 혁신적으로 발전하는 계기가 되었다.

뉴턴의 역학을 기반으로 과학이 급속히 발전하면서 인간은 모든 지식을 소유한 것으로 착각한다. 그러나 19세기 말에 이르러 과학자들이 물질의 기본 단위인 원자에 접근하면서 기존 과학으로 해결할 수 없는 난관에 부닥친다. 이 난관을 극복하기 위해 기존 과학자들과 신진연구자들 사이에 치열한 논쟁이 벌어진다. 이때 기존 과학자들이 신진연구자들의 의문과 고민을 무시하지 않고 함께 논의를 진행하면서 비로소 원자를 이해할 수 있는 양자역학이 탄생하게 된다. 양자역학의 탄생으로 원자 내부의 세계를 이해하게 되었으며, 별의 탄생과 별의 기원, 더 나아가 우주가 어떻게 탄생하게 되었는지 이해하게 되었다.

탈레스 Thales, BC 625 – BC 624, 피타고라스 Pythagoras, BC 570 – BC 495,

데모크리토스, 아리스토텔레스, 아르키메데스Archimedes, BC 287 - BC 212 등은 고대 그리스의 대표적인 사상가들이다. 갈릴레이, 뉴턴, 코페르니쿠스, 라부아지에, 다윈Charles Robert Darwin, 1809 - 1882, 프레넬Augustin Jean Fresnel, 1788 - 1827, 하위헌스, 패러데이, 맥스웰 등은 근대 과학을 이끈 과학자들이다. 플랑크, 아인슈타인, 드브로이, 보어, 슈뢰딩거, 하이젠베르크, 디랙, 파울리, 페르미Enrico Fermi, 1901 - 1954, 베테, 파인만 등은 20세기를 대표하는 과학자들이다. 이들은 활동 시기뿐만 아니라 활동 영역도 달라서 서로 관계가 없는 것처럼 보이지만, 이들의 연구는 사실 한 점을 향하고 있었다. 여기저기서 비추는 빛들이 궁극적으로 하나의 사물을 비추고 조명하듯이, 그들의 연구도 하나로 모여 '자연'과 '우주'를 제대로 이해하게 한 원동력이 되었다.

   자신의 근원을 찾고자 하는 인간의 습성처럼 이 세계가 어떻게 시작되었는지를 알고 싶은 인간의 근원적 욕망으로 우주의 시작을 설명하는 우주론이 탄생하게 되었다. '우주론'은 광활한 우주를 다루다 보니 보통 사람에게는 이 이론이 피부에 와닿지 않을 수도 있다. 그러나 우주론은 우리 주위에서 흔히 볼 수 있는 물질들과 물질을 구성하는 원자들이 어떻게 생겨났는지를 알려주는 이론이다. 다양한 원자들이 하나의 방식으로 생기지 않고 끊임없이 발생한 별의 탄생과 별의 죽음을 반복하면서 현재의 다양한 원자로 존재하게 되었음을 가르쳐 준다. 우리가 의식하지 못해도 우리 몸을 비롯한 우리 주위의 물질 속에는 이전에 존재했지만 이제 사라져버린 별들의 역사가 담겨 있는 것이다.

원자들이 원자 상태에 머물지 않고, 원자간 결합을 통해 분자로 물질이 합쳐지면서 우리 주위의 물질을 구성하게 되었다. 라부아지에를 비롯한 화학자들의 도움으로 물질을 구성하는 원소들에 관한 연구가 진행되었고, 멘델레예프를 비롯한 과학자들의 노력으로 원자를 분류해 정리한 주기율표를 만들면서 현대 화학은 더 발전할 수 있었다. 주기율표에서 원소를 금속, 비금속, 준금속으로 구분한다. 인류가 가장 먼저 주목한 물질은 금속이다.

금속의 출현과 금속 관련 기술과 함께 새로운 국가가 탄생하면서 국가의 명운은 더욱 강한 철을 만들어내는 기술과 직결되기도 했다. 화학의 발전과 함께 비금속에 관한 연구가 진행되면서 자연에서 발견되는 화합물을 이용하여 새로운 물질을 합성하는 일이 빈번해지고 정교해졌다.

물질의 순도가 높아지고 금속 내부의 미세조직을 변화시키는 기술의 발달로 기존의 물질보다 물리적 특성이 향상된 새로운 소재가 출현하게 되었다. 이 소재를 기존의 물질과 다르다는 의미에서 신소재로 부른다. 신소재에는 강철을 비롯한 합금, 네오디뮴 자석, 액정, 초전도체, 탄소나노튜브, 그래핀, 반도체, LED 등이 있다. 액정과 LED는 디스플레이 분야를 획기적으로 발전시켰으며, 초전도체의 발견은 과학에 대한 호기심을 자극했다. 자석 위에 뜨면서 전기저항이 0인, 꿈속에서나 있을 법한 물질에서 이제는 실생활에 응용이 가능한 물질이 되었다.

1947년 최초로 만들어진 트랜지스터는 현대 문명을 움직이는 결정적인 요소가 되었으며, 트랜지스터를 이용한 다양한 소자의 개발로 현대인의 생활은 아주 윤택해졌다. 많은 트랜지스터를 집적시키고, 트랜지스터를 이용한 회로기술의 발달로 인공지능이 인간의 지능을 완전히 추월하여, 모든 영역에서 인간을 대체할 것이라는 기대감이 점점 커지고 있다. 이런 점에서 과학의 기본적인 내용을 이해하도록 돕는 것이 이 책의 목적이다. 지금까지 설명한 내용을 통해 독자들이 과학에 조금이라도 친숙하게 다가가기를 진심으로 바란다.

헤미 별에서 시작해서 역학까지 정말 많은 것들을 생각해 볼 수 있었어. 보민아 너는 꿈이 뭐야?

보민 나는 항공우주 분야에서 연구원으로 일하고 싶어.

헤미 그러면 달탐사, 화성탐사, 로켓, 인공위성, 이런 것들과 관련 있겠는데.

보민 맞아. 항공우주 분야는 아주 다양해. 로켓부터 시작해서 우주탐사까지.

헤미 우주탐사에 대해서 알고 싶은데 무엇을 공부해야 할까?

보민 사람 눈에 보이지 않아도 존재하는 것이 있지. 바로 전파. 흔히 생각했을 때 투명하게 보이는 대기는 대부분이 비어 있는 공간으로 생각할 수 있지만, 외계에서 들어오는 눈에 보이지 않는 자외선을 비롯한 전자기파와 우리가 통신을 목적으로 사용하는 수많은 전자기파로 가득 차 있어. 전자기파가 어떻게 발견되었고, 어떤 방법으로 사용하고 있는지 공부해보면 항공우주 분야를 보다 더 잘 이해할 수 있을 거야.

헤미   그럼 다음 책에서는 전자기학을 중심으로 새로운 대화를 시작할 수 있겠다.